U0168699

数字生活轻松入门

制作家庭电影

晶辰创作室　何谷　赵乐祥　**编著**

科学普及出版社

·北　京·

图书在版编目（CIP）数据

制作家庭电影 / 晶辰创作室，何谷，赵乐祥编著. --北京：
科学普及出版社，2020.6
　（数字生活轻松入门）
　ISBN 978-7-110-09638-3

Ⅰ．①制… Ⅱ．①晶… ②何… ③赵… Ⅲ．①视频编辑软件
Ⅳ．①TN94

中国版本图书馆 CIP 数据核字（2017）第 181277 号

策划编辑　　徐扬科
责任编辑　　王　珅
封面设计　　中文天地　宋英东
责任校对　　焦　宁
责任印制　　徐　飞

出　　版　科学普及出版社
发　　行　中国科学技术出版社有限公司发行部
地　　址　北京市海淀区中关村南大街 16 号
邮　　编　100081
发行电话　010 - 62173865
传　　真　010 - 62173081
网　　址　http://www.cspbooks.com.cn

开　　本　710 mm×1000 mm 1/16
字　　数　182 千字
印　　张　9.25
版　　次　2020 年 6 月第 1 版
印　　次　2020 年 6 月第 1 次印刷
印　　刷　北京博海升彩色印刷有限公司
书　　号　ISBN 978-7-110-09638-3/TN·75
定　　价　48.00 元

"数字生活轻松入门"丛书编委会

主　编

陈晓明　宋建云　王　潜

副主编

朱元秋　赵　妍　王农基　王　冠　顾金元

编　委

赵爱国　田原铭　徐　淼　何　谷　杨志凌　孙世佳　张　昊

张　开　刘鹏宇　郑轶红　刘小青　姚　鹏　刘敏利　周梦楠

胡　法　王义平　朱鹏飞　赵乐祥　朱元敏　马洁云　王　敏

王　硕　吴　鑫　朱红宁　马玉民　王九锡　谢庆恒

前 言

  随着信息化时代建设步伐的不断加快，互联网及互联网相关产业以迅猛的速度发展起来。短短的二十几年，个人电脑由之前的奢侈品变为现在的必备家电，电脑价格也从上万元降到现在的三四千元，网络宽带已经连接到千家万户，包月上网费用从前些年的一百五六十元降到现在的五六十元。可以说电脑和互联网这些信息时代的工具已经真正进入寻常百姓之家了，并对人们日常生活的方方面面产生了深刻的影响。

  电脑与互联网及其伴生的小兄弟智能手机——也可以认为它是手持的小电脑，正在成为我们生活中不可或缺的元素，曾经的"你吃了吗"的问候变成了"今天发微信了吗"；小朋友之间闹别扭的台词也从"不和你玩了"变成了"取消关注"；"余额宝的利息今天怎么又降了"俨然成了一些时尚大妈的揪心话题……

  因我们的丛书主要介绍电脑与互联网知识的使用，这里且容略去与智能手机有关的表述。那么，电脑与互联网的用途和影响到底有多大？让我们随意截取几个生活中的侧影来感受一下吧！

  我们可以通过电脑和互联网即时通信软件与他人沟通和

交流,不管你的朋友是在你家隔壁还是在地球的另一端,他(她)的文字、声音、容貌都可以随时在你眼前呈现。在互联网世界里,没有地理的概念。

电子邮件、博客、播客、威客、BBS……互联网为我们提供了充分展示自己的平台,每个人都可以通过文字、声音、影像表达自己的观点,探求事情的真相,与朋友分享自己的喜怒哀乐。互联网就是这样一个完全敞开的世界,人与人的交流没有界限。

或许往日平淡无奇的日常生活使我们丧失了激情,现在就让电脑和互联网来把热情重新点燃吧。

你可以凭借一些流行的图像处理软件制作出具有专业水准的艺术照片,让每个人都欣赏你的风采;你也可以利用数字摄像设备和强大的软件编辑工具记录你生活的点点滴滴,让岁月不再了无印迹。网络上有着极其丰富的影音资源:你可以下载动听的音乐,让美妙的乐声给你带来一处闲适的港湾;你也可以在劳累一天离开纷扰的职场后,回到家里第一时间打开电脑,投入到喜爱的热播电视剧中,把工作和生活的烦恼一股脑儿地抛在身后。哪怕你是一个离群索居之人,电脑和网络也不会让你形单影只,你可以随时走进网上的游戏大厅,那里永远会有愿意与你一同打发寂寞时光的陌生朋友。

当然,电脑和互联网不仅能给我们带来这些精神上的慰藉,还能给我们带来丰厚的物质褒奖。

有空儿到购物网站上去淘淘宝贝吧,或许你心仪已久的宝贝正在打着低低的折扣呢，轻点几下鼠标，就能让你省下一大笔钱！如果你工作繁忙，好久没有注意自己的生活了，那就犒劳一下自己吧！但别急着冲进饭店，大餐的价格可是不菲呀。到网上去团购一张打折券，约上三五好友，尽兴而归，也不过两三百元。

或许对某些雄心勃勃的人士来说就这么点儿物质褒奖还远远不够——我要开网店，自己当老板，实现人生的财富梦想！的确，网上开放式的交易平台让创业更加灵活便捷，相对实体店铺，省去了高额的店铺租金，况且不受地域及营业时间限制，你可以在 24 小时内把商品卖到全中国乃至世界各地！只要你有眼光、有能力、有毅力，相信实现这一梦想并非遥不可及！

利用电脑和互联网可以做的事情还有太多太多，实在无法一一枚举，但仅仅这几个方面就足以让人感到这股数字化、信息化的发展潮流正在使我们的世界发生着巨大的改变。

为了帮助更多的人更好更快地融入这股潮流，2009 年在科学普及出版社的鼓励与支持下，我们编写出版了"热门电脑丛书"，得到了市场较好的认可。考虑到距首次出版已有十年时间，很多软件工具和网站已经有所更新或变化，一些新的热点正在社会生活中产生着较大影响，为了及时反映这些新变化，我们在丛书成功出版的基础上对一些热点板块进行了重新修订和补充，以方便读者的学习和使用。

在此次修订编写过程中，我们秉承既往的理念，以提高生活情趣、开拓实际应用能力为宗旨，用源于生活的实际应用作为具体的案例，尽量用最简单的语言阐明相关的原理，用最直观的插图展示其中的操作奥妙，用最经济的篇幅教会你一项电脑技能，解决一个实际问题，让你在掌握电脑与互联网知识的征途中有一个好的起点。

晶辰创作室

目　录

一个对生活和他人充满爱心的人，用自己手中的DV记录生活，他就可以称得上是"拍客"。有人这样说，爱拍摄的人有三只眼睛，他可以看到别人看不到的东西，发现别人所不曾留意的美好瞬间。因此，在他们的生活中总会多出几分光彩，总会有美丽的情节浮现。

　　作为一个想当"拍客"的人，DV就是你的武器。本章教你如何玩转DV，掌握DV主要功能的应用，并从初学者的视角总结出了最具实用价值的家庭视频拍摄技巧和经验，以及具有挑战难度的特殊环境下DV的拍摄技巧和拍摄手法，目的是帮助你尽快进入DV拍摄的美妙世界。

第一章

DV——家庭娱乐新媒介

本章学习目标

◇ 当好拍客　玩转 DV

用 DV 触摸生活，作为一个想当"拍客"的人，DV 就是你的武器，让我们从认识 DV，掌握它的主要"零部件"功能启程学习。

◇ 拍摄技巧　秘诀六招

本节是针对 DV 拍摄初学者总结的经验，旨在帮助你尽快进入 DV 拍摄的美妙世界。

◇ 挑战难度　彰显功力

用镜头去捕捉想要表达的东西，本节介绍特殊环境下的 DV 拍摄技巧以及一些特殊的拍摄手法。

当好拍客　玩转 DV

用 DV 触摸生活，作为一个想当"拍客"的人，DV 就是你的武器，让我们从认识 DV，掌握它的主要"零部件"功能启程吧。

一、液晶屏

图 1-1　DV 液晶屏

数码摄像机与传统录像带摄像机最大的一个区别就是它拥有一个可以即时浏览图像和回放的屏幕，称之为数码摄像机的液晶显示屏（LCD），如图 1-1 所示。

LCD 具有亮度调节功能，可以在强光下或室内环境中增大或降低屏幕的亮度。在摄像时，可以通过 DV 的液晶显示屏观看要拍摄的活动影像，拍摄后马上看到拍好的活动影像，并将其影像转换为数字信号，连同麦克风记录的声音信号一起存放在 DV 带中。在使用液晶显示屏时，会发现从不同的角度能看见不同的颜色和反差度，这是因为大多数从屏幕射出的光是垂直方向的，例如，从一个非常斜的角度观看一个全白的画面，我们可能会看到黑色或是色彩失真的情况。液晶显示屏的表现还会随着温度而变化，在低温的时候，亮度可能有所下降，这属于正常现象。

二、取景器

取景器即数码摄像机上通过目镜来监视图像的部件，如图 1-2 所示。数码摄像机取景器结构与液晶显示屏一样，两者均采用 TFT 液晶，不同点在于两者的大小和用电量。在关闭液晶显示屏、只用取景器的情况下，一般来说能节省电量，延长约四分之一用电的时间。

图 1-2　DV 取景器

取景器能在垂直方向旋转，有的旋转角度可达90°，更方便摄影师在站立姿势时的拍摄，而且大部分取景器可以改变目镜的距离，方便那些因近视而戴眼镜的拍摄者。

提示　在取景时你可以采用双眼扫描方式拍摄，即用右眼取景的同时，左眼也同样睁开以综观全局，把握动向，随时留意主体趋势或及时转换新的拍摄主体。

三、逆光拍摄

"逆光拍摄按键"也很重要。逆光拍摄，顾名思义是指拍摄对象背后有光源或背景比较明亮时进行的拍摄。在逆光情况下，与背景的亮度相比，被拍摄的物体显得比较暗，容易形成阴影，背光太强还会造成被拍摄主体严重曝光不足。这个时候可以按下逆光补偿键，当指示灯出现在取景器内或液晶显示屏幕上时，就可以进行逆光拍摄了。

图1-3　逆光拍摄开启

拍摄完成后，再按"逆光补偿键"即可解除逆光补偿状态。图1-3所示为逆光拍摄开启时液晶显示屏幕上的指示状态。需要注意的是，手动调整曝光时，逆光拍摄键将不起作用。如果手中的 DV 没有逆光补偿功能，在进行逆光拍摄时，可以打开手动调整光圈功能，适当地提高曝光值，同样可以达到逆光补偿的目的。如在图1-4的拍摄中,逆光使沙丘的起伏纵横和影调变化得到了逼真的表现，画面色调浓重且层次丰富，烘托出浓郁的油画效果。

图1-4　逆光拍摄图像

四、手动白平衡调整

白平衡调整是摄像过程中最常用、最重要的步骤。使用摄像机开始正式摄像之前，先要调整白平衡。照明的色温条件改变时，也需要重新调整白平衡。如果摄像机的白平衡状态不正确的话，就会发生色彩失真。

现在摄像机白平衡的调整一般具有自动、手动、室外、室内等模式，因摄像机生产厂家的不同而稍有差异。现以某款 SONY 数码摄像机为例，介绍调整白平衡的

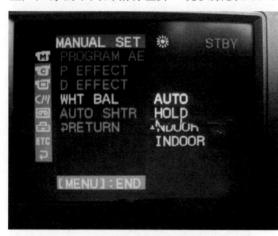

方法。首先在 CAMERA 或 MEMO-RY 方式下，从菜单设定中选择 WHT BAL，然后在菜单设定中选择所需的白平衡方式，如图 1-5 所示。自动白平衡调节是有一定局限性的，在超出自动白平衡调节范围的光线条件下，需要使用手动白平衡调节方式。进行手动调节前需要找一个白色参照物，如白纸一类的东西，有些摄像机备有白色镜头盖，这样只要盖上镜头盖就可以进行白平衡的调整了。具体操作过程如下：

图 1-5　选择所需的白平衡方式

1. 把摄像机变焦镜头调到最广角（短焦位置）。

2. 将白色镜头盖（或白纸）盖在镜头上，盖严。

3. 白平衡调到手动位置。

4. 把镜头对准晴朗的天空，注意不要直接对着太阳，拉近镜头直到整个屏幕变成白色。

5. 按一下白平衡调整按钮直到摄像机中手动白平衡标志停止闪烁（不同的机器，其表示方法有所不同），这时白平衡就手动调整完成了。

五、聚焦环和聚焦键

这是调整摄像机聚焦的控件，当需要进行手动聚焦时，就要调整这两个控件。使用时在 CAMERA 方式下，轻按 FOCUS 键，这时手动调焦指示出现，然后转动聚焦环使聚焦清晰即可。

采用手动聚焦环可以对拍摄对象的任何部分随意进行聚焦。在构图时可以轻松而精确地对画面进行放大或缩小。当目标对比度比较低时，如隔着玻璃或铁丝网窗拍摄，就可以使用手动聚焦环调节，如图 1-6 所示。

六、渐变功能

DV 上的渐变功能是由"FADER"按键来控制的，它是一个循环控制按键，每当按下这个按键时，相应的渐变模式便会依次闪烁地出现在屏幕上，确定后按录像键即可开始拍摄。不同 DV 的"FADER"键位置有所不同，但操作步骤大致相同，使用"渐变功能键"是为了拍摄出更好的转场效果。下面以在该款式 SONY 数码摄像机上使用拍摄淡入淡出为例，介绍其操作方法：

1. 拍摄淡入。在摄像机处于待机状态时，反复按压 FADER 键，直至所需的 FADER 渐变指示闪烁，如图 1-7 所示。选择好该效果后，

图 1-6　使用手动聚焦环调节

按 START/STOP 键开始淡入，进行渐变后，摄像机自动恢复到普通方式，淡化指示灯停止闪烁。

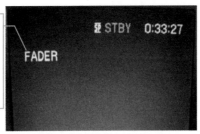

图 1-7　使用渐变功能键

2. 拍摄淡出。在拍摄过程中，反复按 FADER 键，使 FADER 指示灯闪烁起来，然后按 START/STOP 键停止摄录，淡化指示灯停止闪烁后，录像停止，这样就有了淡出效果。

若要取消淡入/淡出功能，可在按压 START/STOP 键之前，反复按压 FADER 键，使淡化指示灯消失即可。

七、曝光

现在的摄像机通常具有程式自动曝光（PROGRAM AE）功能，摄像机本身储存了几种针对一些特殊环境下拍摄的最佳拍摄方案，设计好了固定的光圈以及相应的快门速度，使用时拍摄者只要切换到与拍摄当时相同环境的模式上，对准目标拍摄即可。预设的 AE 程式，各厂设计有所不同，一般常见的有运动模式、人像模式、夜景模式、舞台模式、低照度模式、海浪和聚光灯模式。

● 程式曝光调整方法

在该款式 SONY 数码摄像机上操作时，其操作方法为：首先按 MENU 键显示

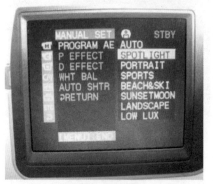

菜单设定，转动拨盘选择[M]，然后再选择 PROGRAM AE 项目，在出现的方式中选择所需的方式即可，如图1-8所示。如果要取消 PROGRAM AE 功能，只需在菜单设定中将 PROGRAM AE 设定为 AUTO 即可。

● 手动曝光使用方法

在自动光圈方式下拍摄效果不理想时还是手动调整曝光为好。在该款式 SONY 数码摄像机上，手动调整曝光的方法为：在 CAMERA 或 MEMORY 方式下按 EXPOSURE 键，这时在屏

图1-8　程式自动曝光模式

幕上出现调整曝光的符号，转动 SEL/PUSH EXEC 拨盘调整亮度到所需的即可。如果要恢复自动曝光方式，只需再按一下 EXPOSURE 键就可以了。

拍摄技巧　秘诀六招

拥有了 DV 你可能就拥有了一份快乐，同时这份快乐又激发了你对生活的热爱。拿起 DV，开始拍摄之旅吧。

拍摄的过程就是学习的过程，而享受这个过程你得到的是快乐！

图1-9　DV 拍摄

DV 拍摄（图1-9）要灵活机动，善于变化，既要拍景，又要摄人，比如由景物

的空镜头摇向人物，让人物走入空镜头画面，再由人物的欣赏视线或行走方向摇出景物，或是由全景人物推向景物结束录像，以使人、景有机地融合在一起，这样拍摄出来的录像片比较符合观看习惯。在拍摄过程中，也可以有意识地穿插拍摄一些纯景物的镜头，以渲染画面。针对 DV 拍摄初学者总结的以下经验，希望能够帮助你尽快进入 DV 拍摄的美妙世界。

● 广角开拍大场面，长焦特写别摇晃

通常我们在开始拍摄时，一般先用 DV 广角镜头记录一下事件或人物活动的大场面，即交代背景。而当变焦拉近拍摄对象时，运用的是长焦拍摄，最易造成的就是拍摄不稳，所以建议长焦拍摄尽可能少用，或者在长焦拍摄时使用三脚架，如图 1-10 所示，切忌拍摄视频出现"过山车"一样的画面感。

拍摄 DV 保证稳定是根本之道，使用三脚架是最稳定的方案。

图 1-10　使用三脚架拍摄

在不使用三脚架的时候，能够双手持机时一定要使用双手，除了右手正常持机之外，左手也要参与进来，扶住屏幕使机器稳定，如图 1-11 所示。如果拍摄低角度的画面，可以用腿提供支撑点，也会使摄像机稳固，如图 1-12 所示。

图 1-11　双手持机拍摄姿势　　图 1-12　拍摄低角度姿势

注意，如果拍摄的画面倾斜严重就会影响观看者的心情，因此，拍摄过程中，应确保取景中的水平线（比如地平线）及垂直线（如电线杆、大楼）和取景器或液晶屏的边框保持平行。

● 固定镜头多运用，变焦前后三五秒

在拍摄时，尽可能多使用固定镜头，即站好固定位置，用 DV 对准目标，取景拍摄，以保证画面的稳定。但是，固定镜头不要拍得过长或过短，长则显平淡，短则显凌乱。很多初学者特别喜欢用变焦，频繁使用变焦会造成画面不稳定，给观众造成视觉疲劳。此外，变焦要稳，应先定点开始拍摄，使用固定镜头拍摄 3～5 秒后，再稳定地逐渐推拉镜头变焦，然后再将镜头固定一会儿。这样变焦比较自然、合理。切忌将镜头像"活塞"一样推拉变焦，否则拍摄出来的片子会让人头晕目眩。

● 移动拍摄尽量少，镜头左右随身摇

拍摄时，尽可能避免走动拍摄。手持 DV 一边走一边拍摄，其影像必定上下跳动。摇镜头和变焦有很多相似之处，也应该避免来来回回摇动镜头。在摇镜头前后也应固定几秒拍摄，这样拍摄出来的作品看起来比较稳定、自然。在这里，教大家摇镜头的方法：两腿与肩同宽，叉开站好，利用腰部摇动 90°左右，并且要做到速度均匀、平稳，这样才能保证作品画面流畅。

● 顺光拍摄好影像，逆光补偿效果好

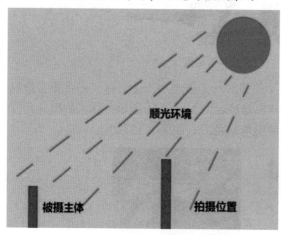

日常拍摄的时候，尽可能采用顺光拍摄，也就是拍摄者和摄像机要背对光源。顺光的时候，被拍摄者一般受光均匀，拍摄效果好。所以把太阳落在拍摄者的身后，相当于营造了一个顺光拍摄的环境，如图 1-13 所示。如果是位置和其他原因所限，必须采用逆光拍摄，那么千万别忘了按下摄像机上的逆光补偿键，这样被拍摄者就不会出现"黑脸"现象了。

图 1-13　顺光拍摄位置图

● 白色平衡手动调，光圈调焦出特效

现在的数码摄像机采用自动白平衡，一般的情况下都能应付自如。但在某种特殊的光线条件下，自动白平衡效果不理想或者要达到某种特定的效果，就需要我们手动设置白平衡了。此外，现在的数码摄像机一般还有光圈、手动调焦、调快门速度等一系列手动功能，这几项功能如果细细调节的话，可以拍出特殊的效果。

手动调整曝光量不容易掌握，在拍摄背景太亮的场景时，你可以先用变焦功能推上去，使画面中只有人物，这样自动光圈就会测好人物的曝光值，然后再把 DV 锁定为手动调整状态，拉开后就可以进行拍摄并取得满意的效果了，而且还能避开识别光线强弱的困难。

● 黄金分割拍主体，背景不要乱糟糟

拍摄中一般不要把被摄主体放在画面的正中央，尤其是被拍对象侧对镜头时。一般来说，同摄影构图相似，只要把被拍者放在画面的1/3或2/3处即可接近画面最完美的黄金分割点，如图1-14所示。此外，为了突出主体，拍摄的时候，被拍者的背景最好和被拍主体的色彩差距大一些，而且背景要"干净"一些，这样才会让画面的焦点集中到被拍对象身上，拍摄出漂亮的作品来。

图1-14　黄金分割点

挑战难度　彰显功力

用镜头去捕捉想要表达的东西，真实是最具震撼力的。在特殊环境下能拍出逼真的画面是"拍客"的梦想和追求。

一、夜景拍摄技巧

任何一款 DV 都有夜景拍摄功能，但是通过使用手动对焦、曝光补偿调节以及手动快门光圈设置等功能拍出的效果更出色。初学者夜景拍摄常常出现的问题是眼前是灯火辉煌的美景，拍摄出来却是完全走样，甚至是模糊一片，想要的细节根本展示不出来。以拍摄演唱会为例，由于光线条件比较复杂，画面基本上以大面积的暗色调为主，亮度反差大，如果以自动模式拍摄光线过强的舞台，反差太大会使拍摄的景物难以看清，整个舞台的气氛就没有了，歌手的脸在聚光灯的照射下变得惨白。这是因为在夜景光线比较暗的情况下，摄像机会自动增加曝光，这一增加，画面整体就被提亮了。解决的办法是使用摄像机的手动曝光功能，当采用手动曝光并以亮处曝光为准，整个舞台静谧的效果就出来了，演员脸部也得到了正确的还原。手动控制曝光，会让暗处暗下去，亮处也不是惨白一片。一般情况下，手动曝光以亮处的曝光为主。

夜景拍摄尽量不要用高倍变焦，而要尽量贴近被拍摄的景物，因为一般夜间现场光线相对比较微弱，那种极度放大影像的画面往往相当粗糙，难以被接受，而且运用过长的焦距容易造成画面的抖晃，如图1-15所示是细致的DV夜景拍摄效果。

图1-15　细致的DV夜景拍摄效果

进行夜景拍摄对焦时，应该先将焦点对准明亮的景物，对准焦后再锁定焦距进行构图拍摄。在拍摄时要少用推、拉、摇、移等运动镜头，因为那样除了会造成对焦不稳之外，还会使过多的杂乱眩光进入镜头，从而使主体忽明忽暗。

二、特殊天气的拍摄

● 雪天拍摄技巧

在下雪天拍摄，画面色调层次不丰富，还容易偏蓝，这是摄像机色温高导致的，所以在选择拍摄场景时应尽量选择深暗的景物作为背景。拍摄时，你可以大胆地利用逆光或者侧光镜头来突出漫天的雪花（图1-16）。在雪后拍摄，因为地面上是一片雪白，阳光照射反光度很大，所以拍摄景物的明暗反差也大，因此，不可以采用顺光拍摄大面积的雪景，否则会使画面缺少层次和立体感。

在雪景中拍摄人物时，要采用前景中带雪的小仰角度。另外，在拍摄雪景中不同物体时，更要注意随时调整摄像机的白平衡。并且，在雪天拍摄时最好选择早晨、傍晚，这样阳光与地平线的角度

图1-16　用逆光或侧逆光突出漫天飞雪

小、影长，可以增强被拍景物的立体感，达到明暗的相对平衡，而且物体的投影还可以使画面增添气氛和美感！

● 雨天拍摄技巧

雨天的光线完全是天空的散射光，光线均匀色温偏高，被摄景物没有投影也没有明显的阴影，色调偏蓝。水珠在天空中具有很高的反光率，所以在下雨天摄像，画面容易出现明亮物体和高亮点现象。

雨中的静物往往能烘托出气氛，深色的背景可以把明亮的雨丝凸显出来。所以，勿以大面积的天空或浅色的景物当背景。雨点落在水面上溅起的涟漪是雨中的好拍点，如图1-17所示。拍雨天的夜景，因为灯光的反射以及地上水面的

图1-17　雨天拍摄效果

倒影都会使画面生动起来。再运用摄像机自身虚实的变化，一定可以拍摄出美丽的雨中景致来。如果想透过窗子表现室外的雨景，可以在室外的玻璃窗上涂上一层薄薄的油，这样水珠就很容易挂在玻璃上，以渲染雨天的气氛。

● 雾天拍摄技巧

雾天光线属漫射型，测光所得数据往往会比平时高，拍摄时要根据现场情况在测光的基础上适当增加曝光量。雾有很高的散射反光现象，可以造成强烈的大气透视效果，丰富被拍物体的层次，从而可以有效地表现出空间立体感，如图1-18所示的那样。同时，雾能改变被拍物体的光亮反差和色彩饱和度，使被拍摄物的外形与表面发生很大的变化。

在雾天拍摄之前一定要调整白平衡，如果为了表现雾景的效果，更应该巧妙地利用被拍摄物

图1-18　雾天拍摄效果

体的明亮反差。最突出的现象就是在雾天初开之时，一丝阳光透过层层薄雾，这时逆光拍摄可以拍出非常有层次的画面。但在雾天拍摄人物时，因人物的皮肤和衣着反光率没有白色的雾高，所以，在拍摄时要用特写、小景来拍摄人物的面部镜头，否则用全景拍摄人物时就会出现"剪影"的效果。

虚无缥缈流动的雾气会增添景物的情致，这时手动增加快门的拍摄速率，可以捕捉雾气的每一个活动细节，让整个场景更生动有味。

三、拍摄焰火的技巧

拍摄焰火的时候，不要急着拍，应先找到最佳位置，在最好看的时候选准角度开始拍摄。同时，注意选顺风的方向，前后的景深不能太小，光圈调小点，感光度调高点。如有三脚架一定要用三脚架，并且将拍摄方式调成手动，快门选为 B 门，这样可以较长时间地记录画面，拍出如图 1-19 所示的效果。

图 1-19 焰火的拍摄效果

四、日出的拍摄技巧

在日出的整个过程中，光线的变化是很大的，也是很快的，所以，在拍摄时要注意根据光线变化的情况随时测量曝光值，调整机器的曝光以取得正确的曝光值。可以在日出之前选择夜景或黄昏的拍摄模式，当东方出现了"鱼肚白"即将破晓时，再切换一下拍摄模式，改变为日出或日落的拍摄模式即可。可别小看了这小小的模式切换，它能获得比普通全自动拍摄模式下更好的日出效果，如图 1-20 所示的画面。此外，要尽量使用三脚架进行拍摄。

图 1-20 日出的拍摄效果

五、流水的拍摄技巧

流水可以构成优美的画面，特殊的摄影技巧可以使流水在摄影中表现出人的眼睛在正常条件下看不到的效果，时空的超越可以使水的浪漫梦幻和激情澎湃得到淋漓尽致的表现。在拍摄流水或瀑布时，可以利用慢速快门来实现虚化的效果，这样可以用来表现水的动感，或使流动的瀑布产生像轻纱一样的效果。

六、几种特殊的拍摄技巧

● 焦外成像

焦外成像就是焦点之外的成像，产生景深之外的虚化部分的成像效果，即如图 1-21 所示的效果。其拍摄的手法是将焦距对准主题物体之外，光圈放大，浅景深，手动调焦将被摄物体置于景深范围以外，以产生虚化的感觉，如拍摄夜晚的灯光时可以用这种方法。此法在用大光圈、长焦镜头时效果很明显，而用小光圈、广角镜头的效果不明显。

图 1-21　焦外成像拍摄演唱会现场灯光的效果

● 中途变焦

把快门按下之后再调焦距，可以产生特殊的效果。用低感光度，在暗光的拍摄环境（此时变焦必须要求快门时间长，同时，要保证画面曝光量不会过度则要控制感光度和光圈大小）中，要用快门优先的模式，快门要设定在 2 秒以上，头一秒不管，一秒钟之后转动调焦环，要找对一个点，此动作需要三脚架的支持。

● 玻璃反光

巧用玻璃镜面（玻璃墙）等的反光拍摄出来的画面有特别的感觉，通过反光，可将几个物体重叠在一起，使画面富有艺术气质。

● 多次曝光

通过两次以上曝光，完成一个电影画面的摄影方法。一次曝光足，其他每一次曝光都不足，或者每次曝光都不足来产生一次正常的曝光量，可以产生半透明的效果，或部分虚化效果。多次曝光可以突出被摄物体的层次感，比如表现拥挤的人群或车流等，多次曝光是渲染画面气氛的好帮手。

● 眩光

眩光可以从太阳或者明亮的天空而来，当高光部分太强时，画面就会发白、虚化，并会出现奇怪的几何形状和亮斑。但是合理地运用眩光可以为作品带来生动的元素，以及一种自然生成的魔幻般的感觉。比如图 1-22 这幅画面，阳光洒进客厅照亮了女孩的脑后，出现眩光。用内置闪光灯为她的脸部补光。从右上方来光的角度定下机位，于是光线与镜头一起创造出梦幻的眩光效果。

将镜头对准光源，做一定角度的移动，就会出现眩光的效果。

图1-22　利用眩光拍摄的效果

● 巧用影子

不直接拍主体，而拍主体的影子，虽然不能表示颜色等特征，但是可以直接表示物体的外形，忽略一些细节，从侧面去表现原型。光源与主体的角度不一样，出现的效果也是不一样的，阴影自身便能创造出奇妙动人的画面，而且它们还能凸显情感，营造出超现实的氛围来，侧光拍摄时要测背景的光亮，不能测影子的光亮，要不然会发白。影子用得巧妙，能起到震撼人心的作用。在图1-23所示的这个画面中，那个拉长的影子就很有艺术感染力。

图1-23　拍摄影子的效果

七、数字特效

数字特效利用数字技术处理图像，以获得很好的艺术效果。在DV上设置好相关参数后，拍摄的影像就以该模式记录。不同的DV其操作方法不同，如在本节中提到的SONY数码摄像机上的操作方法为：首先在待机状态下按MENU键显示菜单设定，然后选择[M]，转动拨盘选择D EFFECT，再转动拨盘选择相应的特效模式即可，如图1-24所示，按MENU键使菜单设定消失，按START/STOP键开始拍摄带有数字效果的影像；若要取消特效功能，可在菜单中将D EFFECT项目设定为OFF即可。

在进行设置时，可以看到在设置画面中会出现条棒，这时可以转动拨盘来调整条棒的长度，条棒越满，其静像在后面影像拍摄的起始阶段透明度越低，静像效果越强。数字特效有几种模式（图1-24），从上到下分别为：

1. STILL，这是静像特效，就是将当前拍摄的画面作为静像记录下来，然后在后面拍摄的影像中以不同的透明程度覆盖到影像中，形成特效。在后面拍摄影像的过程中，静像的显示效果随着时间的增加而逐渐变得透明起来，并叠加在拍摄的影像中。

2. FLASH，这是频闪特效，它以固定的时间间隔连续拍摄静像，可以得到闪烁跳跃的类似慢镜头的效果。在设置过程中条棒越长，其拍摄的时间间

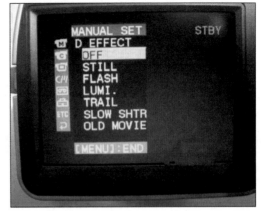

图1-24 "数字特效"菜单

隔越大，效果越强。注意，这种拍摄方法拍摄的画面是跳动的，但是声音却是连续的。我们在一些MTV中会经常看到这样的镜头。

3. LUMI，这是亮度替换特效，它也是先记录一幅静像，然后在后面的影像拍摄过程中，静像中的色彩亮度比较高的地方变透明被后摄的影像画面所替代。

4. TRAIL，这是拖曳影像功能，在摄录时会留下附随画面的影像。即后一帧画面出现时前一帧尚未消失，画面像哈雷彗星一样拖了一个尾巴，使画面具有一种速度感。在拍摄时声音正常录下，附随画面的消失时间可以用控制拨盘来调整，条棒越多，拖尾现象越严重。

5. SLOW SHTR，慢速快门特效，使用慢速快门便于拍摄暗淡的物体，能够有效地提高画面的亮度。DV的快门速度降低（或提高）一半，光圈值相应要增加一倍（或减少一半），这样可以用来控制进光量。一般DV有1/25、1/12、1/6以及1/3几个快门速度值供选择。注意：快门速度号码越大，快门速度越慢。另外，使用慢速快门，因产生影像速度较慢，在拍摄时移动镜头会产生模糊现象，因此在拍摄时要保持DV的稳定，必要时可以用三脚架帮忙。

6. OLD MOVIE，利用老电影功能可以将影像加上老电影氛围，摄录效果像旧电影一般。该特效适合拍摄回忆镜头。

当你拍好了一部 DV 作品，是不是很想把它制作成 DVD 影碟呢？当你从网络上下载了很多视频，是不是很想在 DVD 机上播放呢？当你有一部手机，是不是很想收集一些视频以便随时欣赏它们呢？这些都不难做到，只要了解了 MPEG 编码软件，就可以通过各式各样的视频编辑器把你喜欢的视频资源进行格式的转换，转换后的视频文件就能在各类硬件设备上播放了。

本章从了解视频格式入手，利用几款热门的视频编辑软件，让你学会各种视频格式的转换方法。

第二章

视频转换，随心所欲看电影

本章学习目标

◇ 视频变身 DVD

　　如果想把拍好的 DV 作品制作成 DVD 影碟，首先要把 DV 拍摄得到的 AVI 格式文件转换成 MPEG 格式文件才能实现，这个转换工作要靠 MPEG 编码软件来完成。

◇ 音频提取巧利用

　　利用 TMPGEnc Plus 视频编辑软件可以将视频中的音轨轻松地剥离出来，提取这些音频文件的目的是在制作 DVD 光盘的时候用于音轨的加入。

◇ 随心所欲转格式

　　通过视频格式转换器，让片源是 RMVB、FLV、MP4 等格式的视频资源在 DVD 影碟机或手机等硬件上播放。

◇ 手机视频好搭档

　　一款专为"苹果"产品打造的视频转换器 iMacsoft iPhone Video Converter 可将所有流行的视频格式转换成 iPhone 和 iPad 可识别的格式进行播放。

视频变身 DVD

当我们拍摄了一部好的DV作品，一定愿意拿给自己的亲朋好友欣赏一下吧？展示DV作品的最好方式是将其制作成DVD影碟。但通常情况下我们拍摄DV作品得到的是AVI格式文件，需要转换成MPEG格式文件才能在日后编辑或刻录DVD光碟（MPEG是国际通用的视频、音频数据的压缩标准），这个转换工作要靠MPEG编码软件来完成。

作为MPEG编码软件，TMPGEnc Plus视频编辑器的知名度很高。这款由日本人开发的MPEG编码工具软件支持VCD、SVCD、DVD等各种格式。它能将各种常见影片文件甚至JPG图片压缩、转换成各类光盘格式（如VCD、SVCD、DVD等），成品可直接刻录流通。由于它简单易用，是目前受欢迎的影片压缩软件之一。TMPGEnc Plus 除了可以压缩 MPEG-1/MPEG-2外，还有一些附加的MPEG辅助工具，可以用来对影片进行合成、分解和剪辑等操作。

一、下载和安装

下载地址：http://www.skycn.com/soft/appid/324772.html

绿色版下载地址：http://www.onegreen.net/Soft/HTML/272.html

点击软件图标，弹出安装界面，一路点击【下一步】即可完成安装。建议选择默认的安装地址，如要更改请更改到英文字母或数字的文件夹目录下，不要安装在中文目录下。

二、TMPGEnc Plus 的基本操作

启动 TMPGEnc Plus，首先会弹出一个向导窗口（图 2-1），一切都交给向导吧，它会带你一步一步完成视频编码的操作，这个过程需要五个步骤来完成。

1. 选择最终文件的格式。目的是选择希望转换成什么样的格式。在"项目向导（1/5）"窗口（图 2-1）的左侧有"Video-CD""Super Video-CD""DVD"三种影像格式可供选择（其中 Video-CD、Super Video-CD 是已经过时的格式，不再介绍）。DVD 格式中有 NTSC 和 PAL 两种制式，NTSC 是美国及中国港台地区 DVD 影片的标准格式，PAL 是中国大陆地区 DVD 影片的标准格式。

在相同清晰度的片源下，NTSC 格式的分辨率为 720×480 像素，要优于 PAL 格式 720×576 像素的分辨率，且 NTSC 格式完全可以在中国地区的家用 DVD 中播放，故笔者推荐使用 NTSC 格式，如图 2-1 所示。

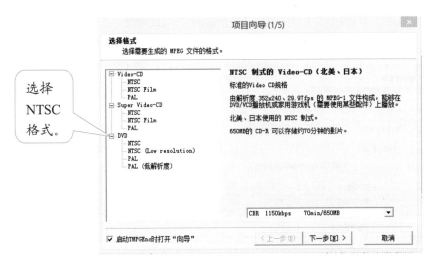

图 2-1　"项目向导（1/5）"窗口

选择好 DVD 的制式后，在右下方的下拉菜单中选择码率和音频格式。设置 NTSC 格式视频的清晰度即为"码率"，码率越高清晰度越好，当然文件占用的磁盘空间也越大。这里选择的是最高清晰度"CBR 8000kpbs"，如图 2-2 所示。选择好制式后窗口的右边会有详细的说明：高品质视频规格；由解析度 720×480、29.97 的 MPEG-2 文件构成，能够在 DVD 播放机或播放软件上播放；如果采用 MP2 格式的伴音，4.7 GB 的 DVD-R 可以储存约 65 分钟的影片；如果采用 PCM 伴音，4.7 GB 的 DVD-R 可以储存约 55 分钟的影片。

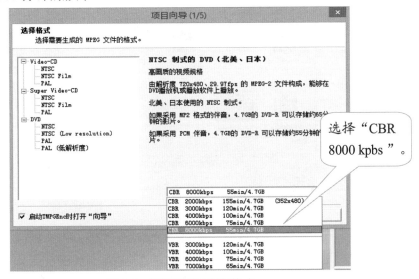

图 2-2　设置码率和音频格式

完成以上选择后，单击向导【下一步（N）】进入"项目向导（2/5）"窗口，如图2-3所示。

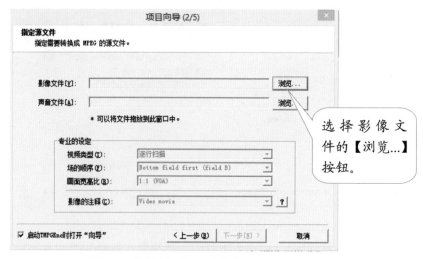

图2-3 "项目向导（2/5）"窗口

2．指定源文件。单击图2-3"影像文件"栏的【浏览...】按钮，弹出对话框（图2-4），选择源文件所在的位置，单击【打开】后即完成视频的添加。通常情况下，选择好影像文件后，声音文件也一并添加到"声音文件"中。

图2-4 源文件所在的位置

在"项目向导（2/5）"界面的"专业的设定"栏中设置"视频类型""场的顺序""面面宽度比"和"影像的注释"，如图2-5所示，也可保持默认的选择方式。如果成品在电视上播放，建议选择隔行，使运动平滑。但是隔行的视频在电脑上看会有"毛刺"现象，在水平运动景象中尤其明显。这里的"视频类型"选择为"逐行扫描"，这样的画质比较高；画面宽高比一般选择"4:3 525 Line（NTSC）"，这是电视机的屏幕比例。

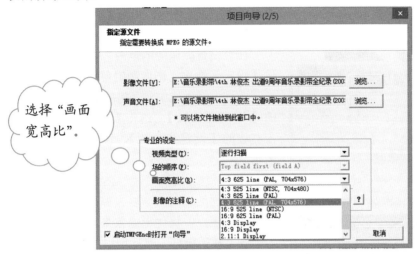

图 2-5 "专业的设定"的选择

选择完成后点击【下一步（N）】进入"项目向导（3/5）"窗口，如图 2-6 所示。

3．滤镜选项组。这一组设置可以对视频源进行预处理以提高影像质量，每个设置的选框下均有文字说明，如图 2-6 所示。

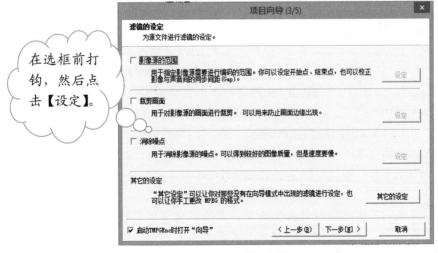

图 2-6 "项目向导（3/5）"窗口

图2-7　设置影像源的范围

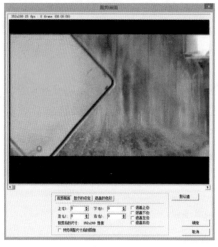

图2-8　裁剪画面

（1）设置影像源的范围。设置影像源的范围。"设置影像源的范围"作用是指定选择视频的起始点和结束点，即可以对视频掐头去尾保留中间的某一段内容。可以裁剪DV拍摄中的多余画面，并可校正影像与声音间的同步间距。

在"设置影像源的范围"前打钩，点击右边【设定】弹出"影像源的范围"对话框。

通过进度条选中要开始的地方，点击左边的【设定开始帧】；选中要结束的地方，点击右边的【设定结束帧】，设定完成如图2-7所示。

（2）裁剪画面。"裁剪画面"的作用是对源影像画面进行裁剪，以去掉没必要的边缘，消除视频噪点，优化影像效果。

在"裁剪画面"前打钩后，点击【设定】，出现"裁剪画面"对话框，在下方的选项卡中输入上下左右分别要裁剪的像素数值即可，如图2-8所示。

点击【下一步（N）】后进入"项目向导（4/5）"窗口，如图2-9所示。

4．码率的设定。"码率设定"的作用是选择转化后视频的清晰度水平。在"项目向导（4/5）"界面的"影像的平均码率"下拉菜单中选择码率的数值即可，见图2-9。

如果需要设置更详细的参数可点击【专业设定】按钮，出现"MPEG设定"对话框，可在"码率控制模式（R）"中选择固定码率（CBR），"码率（B）"选择8000，如图2-10所示，完成后点击【下一步（N）】进入"项目向导（5/5）"窗口（图2-11）。

提示　对滤镜的使用要适度，因为客观上使用任何滤镜都会引入信息的损失，尤其对低品质的视频不可能通过使用滤镜提高其质量。

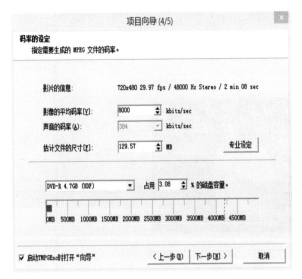

图 2-9 "项目向导（4/5）"窗口 　　　　图 2-10 专业设定

5．开始编码

（1）指定输出文件名。给转录的视频起个名称，找个存放的地点。在"项目向导（5/5）"界面点击"输出文件"的【浏览...】按钮，出现默认的存放地点，点击【保存】即可，如图 2-11 所示。

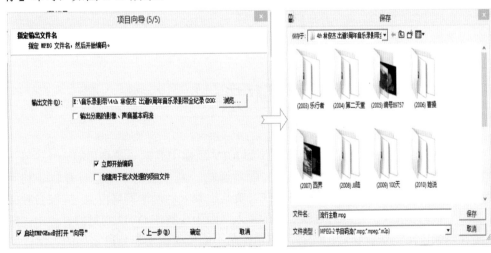

图 2-11 指定转录视频存放地点

（2）编码。选择好存放地点后单击"项目向导（5/5）"中的【确定】按钮开始编码，即转换视频，如图 2-12 所示。

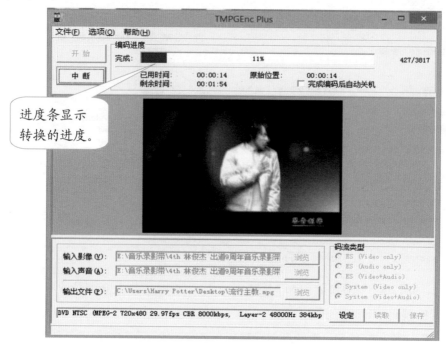

图 2-12　视频转换界面

　　视频转换的过程是需要一段时间的，电脑硬件的配置越高，转换需要的时间就越短。

音频提取巧利用

　　许多视频文件中都含有多条音轨，例如 KTV 歌曲中通常一条是原唱音轨，另一条是伴唱音轨；电影文件中一条是英文配音音轨，另一条是中文配音音轨。利用 TMPGEnc Plus 视频编辑软件可以将这些音轨从视频中轻松地剥离出来。提取音频文件适用于在制作 DVD 光盘的时候音轨的加入。因为在制作 DVD 光盘的过程中，即便源视频文件是多条音轨，但光盘制作软件是不能自动识别和分离它们的，所以要预先把源视频文件中的这些音轨剥离出来。提取音频的方法是：

　　1. 打开 TMPGEnc Plus 界面，在【文件（F）】下拉菜单中选择"MPEG 工具"，如图 2-13 所示。

提示 TMPGEnc Plus 2.5 是中文版，该软件的英文版已更新到 4.0 版本，可以在 Windows 7 中完美运行，但暂不支持 Windows 8 系统。

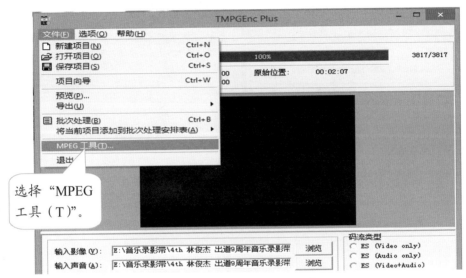

图 2-13　选择"MPEG 工具"

2. 弹出"MPEG 工具"对话框后，选择【分解】命令，点击"输入（I）"栏的【浏览】按钮，选择要提取音轨的源视频文件，如图 2-14 所示。

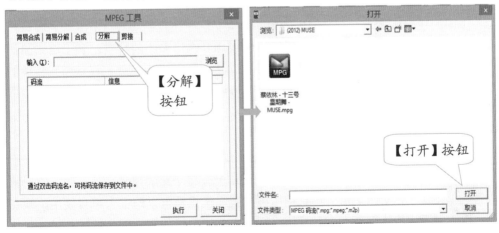

图 2-14　选择源文件

3．选择好"源视频"后，点击【打开】，"源视频"文件即被导入软件中，如图2-15所示。

4．"MPEG工具"窗口中显示的是MPEG文件的"码流"，重要的码流已被检测出来，在导入的文件前打钩，通过双击码流名（即打钩的选项），可以将视频中的音频提取出来，如图2-16所示。

5．单击【保存】，这样视频中的音频就被提取出来了。

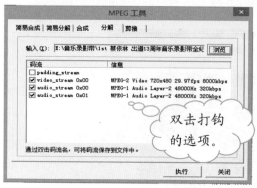

图 2-15　导入源文件

图 2-16　音频提取

随心所欲转格式

不同的视频格式，都有其诞生的用途和意义，比如我们从网络上下载的视频，常见的格式有RMVB、FLV等，这类格式的视频具有体积小的特点，利于网络的传播，但这种格式对硬件的兼容性低，无法在DVD等影碟机上播放。视频格式转换的目的就是通过视频格式转换器，让片源是RMVB、FLV、MP4等格式的视频资源可以在DVD影碟机或手机等硬件上播放。

一、了解视频格式

目前，主要的视频格式有AVI、RMVB、WMV、MPEG等。

AVI 是将语音和影像同步组合在一起的视频文件格式。它对视频文件采用一种有损压缩方式，优点是可以跨多个平台使用，缺点是体积庞大，而且压缩标准不统一。这种格式的文件随处可见，比如一些游戏、教育软件的片头，多媒体光盘中也会有不少的 AVI 格式的视频。通常情况下我们拍摄的 DV 视频大多也是 AVI 格式。

RMVB 中的 VB 指可改变的比特率，较上一代 RM 格式画面清晰了很多，原因是降低了静态画面下的比特率，可以用 RealPlayer、暴风影音、QQ 影音等播放软件来播放。为了缩短视频文件在网络进行传播的下载时间，节约用户电脑硬盘宝贵的空间容量，有越来越多的视频被压制成了 RMVB 格式，并广为流传。

WMV 是一种数字视频压缩格式。WMV 文件一般同时包含视频和音频部分。视频部分使用 Windows Media Video 编码，音频部分使用 Windows Media Audio 编码。WMV 是微软推出的一种流媒体格式，它是"同门"ASF 格式升级延伸来的。在同等视频质量下，WMV 格式的体积非常小，因此很适合在网上播放和传输。

MPEG 是由国际标准化组织制定发布的视频、音频、数据的压缩标准，是运动图像压缩算法的国际标准。它包括 MPEG-1，MPEG-2 和 MPEG-4。绝大多数的 VCD 采用 MPEG-1 格式压缩。MPEG-2 应用在 DVD 的制作方面、HDTV（高清晰电视广播）和一些高要求的视频编辑、处理方面。MPEG-4 是一种新的压缩算法，使用这种算法的 ASF 格式可以把一部 120 分钟长的电影压缩到 300 M 左右的视频流，以便在网上观看。

二、格式转换有"大师"

"视频转换大师"——WinMPG 是一款视频格式转换软件，它能够读取各种视频和音频文件，并且将它们快速转换为流行的媒体文件格式。

WinMPG 的出现，为视频多媒体的转换提供了一个完美的平台，它几乎涵盖了现在所有流行的影音多媒体文件的格式，包括 AVI、MPG、RM、RMVB、3GP、MP4、MPEG、MPEG-1、MPEG-2、MPEG-4、VCD、SVCD、DVD、DivX、ASF、WMV、SWF 以及 QuickTime MOV/MP4 和所有的音频格式。

WinMPG 拥有非常漂亮友好的界面，如图 2-17 所示。

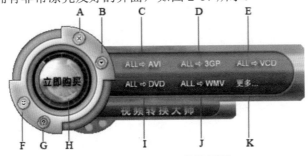

图 2-17　WinMPG 软件界面

图中用字母标出的按钮及命令功能如下：

A 关闭软件

B 查看菜单（输出格式列表、主页、购买、注册、关于、帮助等）

C 任意格式转换到 AVI

D 任意格式转换到 3GP

E 任意格式转换到 VCD

F 切换界面

G 软件帮助

H 购买

I 任意格式转换到 DVD

J 任意格式转换到 WMV

K 任意格式转换到更多格式

三、随心所欲变格式

● 将任意格式转换成 DVD

1. 打开软件，点击【ALL→DVD】，如图 2-18 所示，进入"转换界面"，如图 2-19 所示。

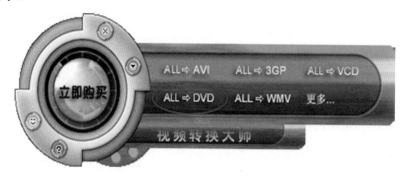

图 2-18　将任意格式转换成 DVD

2. "转换界面"操作：步骤见图 2-19 中字母 B、C、D、E、H 所示位置。

B 为添加要转换的源文件，点击此按钮找到需转换的源文件并导入软件。

C 为更改转换后的文件存放地址，选择转换后的视频文件存放地址。

D 为配置文件，在下拉菜单中选择转换视频的"码率"和"制式"，比如画面质量（Low 低、Normal 中、High 高），这里选择 NTSC DVD High Quality 1.7 Hour，如图 2-19 所示，以获得最高的清晰度。

E 为快速模式，一般默认此项，对有的 AVI MOV 等格式转换到别的格式有异常时可尝试更改"快速模式"来转换。

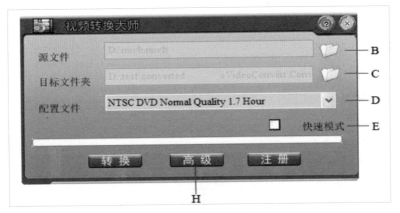

图 2-19 转换界面

　　H 为【高级】按钮（切割、分辨率、音频、视频等详细参数设置），点击此按钮进入"高级设置"对话框，如图 2-20 所示。无特殊要求此项不用设置。但是也可以在"纵横比"处根据自己的显示器选择 4:3 或者 16:9 格式，因为如果用 16:9 长宽比的显示器播放 4:3 长宽比的视频就会出现很难看的黑边。另外，也可以在"裁剪"区域设置合适的裁剪方案。

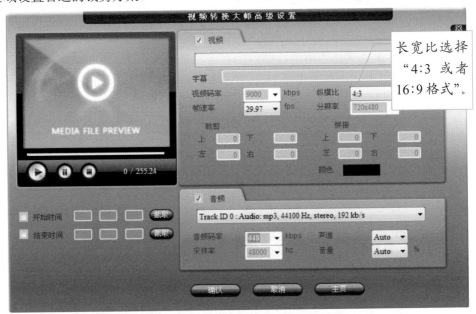

图 2-20 "视频转换大师高级设置"界面

　　3. 点【转换】按钮即可开始转换，如图 2-21 所示。

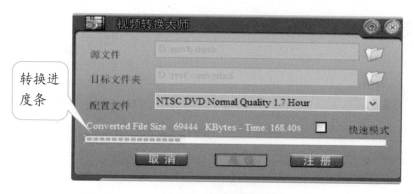

图 2-21　格式转换界面

● 将任意格式转换成更多格式

图 2-22　将任意格式转换成更多格式

1．打开软件，点【更多...】，如图 2-22 所示，进入"更多格式列表"，如图 2-23 所示。

2．在"更多格式列表"中选择要转换的格式，这里以任意格式转换到 Apple/iPod 为例举一反三，从任意格式转换到列表中所有格式的步骤都是相同的。

在"更多格式列表"中点击【Apple/iPod】按钮（见图 2-23 画圈处），进入"转换界面"，如图 2-24 所示。

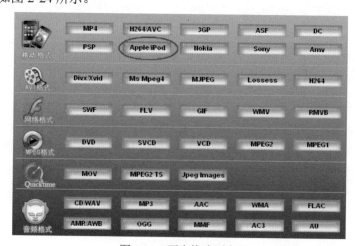

图 2-23　更多格式列表

提示 苹果产品，例如 iPhone 和 iPad，只能识别特定的视频格式，所以大部分通用的视频都需要进行转码才能播放。

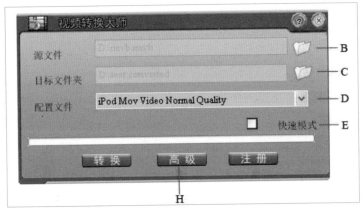

图2-24　转换界面

3．转换界面操作步骤见图 2-24 中字母 B、C、D、E、H 所示。其中：

B为导入源文件。

C为指定转换后文件存放地址。

D为配置文件、画面质量（Low低、Normal中、High高）。

E 为快速模式（默认此项）。

H 为【高级】按钮，点击即可进入"高级设置"对话框，如图2-25所示。这里不要改动"帧速率"参数，因为iPhone和iPad只能识别25fps帧速度的视频，软件默认的"分辨率"参数是320×240，这

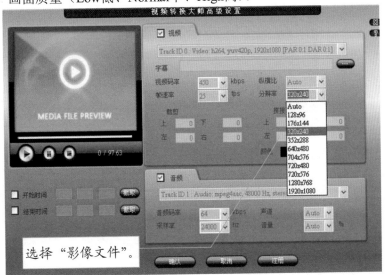

图2-25　选择"高级设置"参数

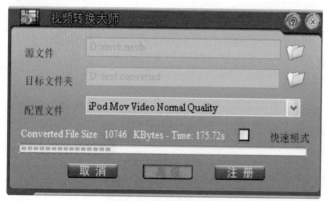

图 2-26　格式转换中

个分辨率偏低，可以选择较高的分辨率，但是如果选择的分辨率高出源视频文件的分辨率，清晰度也只能保持原有的水平不会提高，而只做长宽比例的拉伸。

4．点击【转换】按钮，开始转换，如图2-26所示。

● 批量转换

如果一次需要转换多个视频文件，也不必逐一进行设置，可以使用软件的批量转换功能来完成，这个功能也是该软件的一大亮点。

1．在"转换界面"导入需要转换的源文件后，点击【添加到批量任务】按钮，如图 2-27 所示。打开"批量处理"对话框后，需要按照上述步骤重复添加视频文件，如：在界面上点"All-AVI"，弹出选择需要转换的视频文件对话框，选择文件后点击下面的"添加到批转换"，这样一个个添加进去。

图 2-27　批量转换设定

2．弹出"批量转换视频"窗口，窗口内记录了任务列表，如图 2-28 所示。

 提 示　通常情况下批量转换视频的速度要比单独转换视频的速度慢，但方便程度大大提升了。

3．当依次导入多个需要转换的源文件，"批量转换视频"窗口内就记录下多个任务的列表，如图2-29所示。

导入一个视频文件的状况。

多个视频被导入到软件中出现列表。

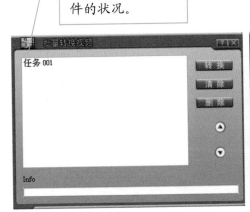

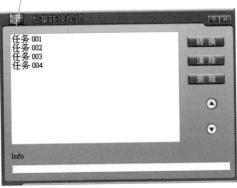

图2-28　"批量转换视频"窗口　　　　图2-29　"批量转换视频"任务列表

4．点击【转换】命令，按任务先后顺序开始依次转换，如图2-30所示。

【转换】命令

图2-30　进行批量转换

提示　最新版本的 WinMPG 可以在 Windows 8 中完美运行，并且支持将网页上下载的 FLV、F4V 格式的视频转化成标准 DVD 格式。

手机视频好搭档

  iMacsoft iPad Video Converter 是一个非常强大的 iPhone 视频转换器，专门用于将所有流行的视频格式如 WMV、RMVB、MOV、DAT、VOB、MPEG、FLV、AVI、DivX 等转换成 iPhone 和 ipad 可识别的格式，特点是操作非常简单和易于使用。

  官方下载（英文网页）地址：

http://www.imacsoft.com/ipad-video-converter.html

1. 打开软件，进入 iMacsoft iPhone Video Converter 界面，如图 2-31 所示。

图 2-31 iMacsoft iPhone Video Converter 界面

  iMacsoft iPad Video Converte 还可以提取音频文件并保存为 MP3 和 M4A 格式；支持 AVI、MPEG、WMV、DivX、MOV、RM、DAT、VOB、GP 等格式输入。

  2. 在【文件（F）】下拉菜单中选择【添加（A）】选项，在弹出的文件夹中找到需要转换格式的视频文件将其添加到软件中，如图2-32所示。

图 2-32　添加视频文件

3．添加的视频文件会显示在窗口内，其他设置如图 2-33 所示。

"格式分类"，即选择在 iPhone 还是 ipad 中播放。

"预置"，可在下拉菜单中选择"清晰度"。这里选择的是iPad MPEG-4（320×240）（*.mp4）。

"缩放"，即选择"分辨率"。分辨率是视频长宽的像素数，这里选择的是"信箱"。

"目的"，选择转换后视频文件的存放地址。

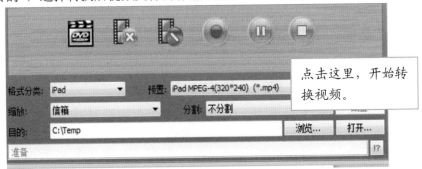

图 2-33　设置参数

4．点击【编码】（红色按钮）即开始视频格式转换。

苹果产品越来越成为大众娱乐的新宠，因此配套软件也相继出现，iMacsoft iPad Video Converter 格式转换器就是一款苹果产品的好搭档。

视频相册是现在流行的电子相册形式。它摒弃了纸质相册的诸多不足，具有更易保存、声色并茂的特点，为众多的多媒体制作爱好者所喜爱。无论是制作家庭照片、毕业留影，还是制作旅游特辑的视频相册，都是一件很棒的事。

Windows Live 影音制作 2011 是一款简单易用的视频编辑软件，提供了方便的片头和片尾编辑功能。你可以把现有的音频、视频或静止图片制作到视频相册中，然后对照片以及音频、视频内容进行编辑，包括添加标题、效果、过渡、背景音乐、字幕旁白等，最终完成电影发布。Windows Live 影音制作能够让你家中的一堆照片动起来，并变身为一部感人的家庭电影，方便与家人和朋友一同分享。

第三章

视频相册，让照片动起来

本章学习目标

◇ **良好开端　事半功倍**

在使用影音制作软件之前一定要做好相关的准备工作。

◇ **片头片尾　引人入胜**

营造不同氛围，会产生不同的艺术效果，好的片头和片尾一定会给视频相册增色不少。

◇ **视觉语言　大显身手**

Windows Live 影音制作 2011 最大的特点就是让照片动起来。

◇ **视频上场　穿针引线**

本节介绍学习插入视频以及编辑视频文件的技巧。

◇ **引入过渡　自然流畅**

本节学习如何制作照片与照片、照片与视频之间的过渡。目的是使它们之间的转换不那么突兀。

◇ **背景音乐　渲染气氛**

为视频相册配上静谧而又舒缓的背景音乐,让它为你生命的某个精彩时刻伴奏。

◇ **字幕旁白　点睛之笔**

让作者的内心世界更直观地表达出来，这是旁白不可忽视的精华所在。

◇ **发布电影　大功告成**

把电影的音频、视频和字幕封装，即生成视频文件。

良好开端 事半功倍

视频相册是现在流行的电子相册形式，它摒弃了纸质相册的诸多不足，具有更易保存、声色并茂的特点，为众多的多媒体制作爱好者所喜爱。无论是制作家庭相册、毕业留念，还是制作旅游专辑，都是一件很棒的事。

常言道："良好的开端是成功的一半"，制作软件固然重要，但提供好的素材是成功的基础，所以建议在使用影音制作软件之前一定要做好相关的准备工作。

● 下载软件，安装程序

Windows Live 2011 是微软公司推出的一款简单易用的影音制作软件，可以将现有的音频、视频或静止照片导入软件中，然后制作成电影形式的作品。

Windows Live 2011 的下载地址为：http://www.downza.cn/soft/12597.html。

Windows Live 影音制作 2011 集成在 Windows Live 的软件包里，如果不想安装 Windows Live 2011 的其他组件，可以在安装时选择部分程序进行安装，如图 3-1 所示。

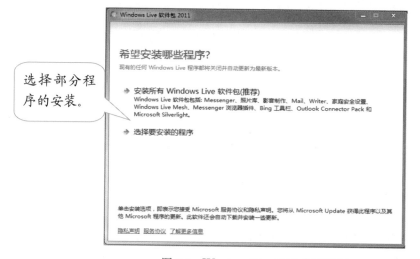

图 3-1 Windows Live 2011 安装界面

需要指出的是，Windows Live 影音制作 2011 只支持 Windows Vista 和 Windows 7/8/10 系统，如果你是 Windows XP 用户，将不能安装和使用 Windows Live 2011 系列软件，只能使用系统自带的 Movie Maker 进行影音制作。由于微软在 2014 年彻底终止了对 Windows XP 的服务和支持，所以这里不再对 Movie Maker 进行介绍。

点击【选择要安装的程序】选项后，进入如图 3-2 所示的界面，在此可在需要
安装的程序前一一打钩，然后点击【安装（T）】按钮即可开始安装。

图 3-2 选择要安装的程序并进行安装

● 修整照片，完美登场

建议在制作视频相册之前使用《光影魔术手》《美图秀秀》或者 Photoshop 等图
片美化工具先期处理好照片，以避免在视频相册制作的过程中出现黑边或者画面有
缺憾等问题。比如剪裁照片让布局更美观、调整色彩让画面更靓丽、使用效果让照
片更生动等，总之多花一点心思，多关注一点细节，会让你的作品更加精彩。

● 录制旁白，增强亲和

通过录音软件录制自己的声音作为旁白一定会给视频相册增色不少。推荐录音软
件 COOL EDIT PRO 2.1，这是一款人气很旺的多轨录音软件，它可以在录音的同时加
入背景音乐，让声音更动听。下载地址：http://xiazai.zol.com.cn/detail/10/90877.shtml。

● 穿插视频，丰富内容

用 DV 录制一些视频片段穿插到视频相册中，这样制作出来的视频相册内容更丰富，也更具影片效果。

目前 Windows Live 的最新版本是 Windows Live Suite Beta，尚在测试之中。该软件将多种程序和服务融合在了一起。

片头片尾　引人入胜

● 确定视频的长宽比

在 Windows Live 影音制作 2011 中提供了两种长宽比的规格，即 4:3 和 16:9 的比例。这里一旦选定了长宽比例就将贯穿整个制作的始终，如果在制作过程中试图改变长宽比会使前面添加进去的照片产生变形，导致画面十分难看，所以这一步要考虑好了再做选择。4:3 的比例是标准的长宽比；16:9 是宽屏的比例，现在的电脑显示屏一般都是这个比例。

打开软件，在菜单栏中点击【项目】，窗口内即出现两种"纵横比"选项，这里选择的是"标准（4:3）"纵横比，如图 3-3 所示。

图 3-3　选择"纵横比"

● 制作片头

1. 在菜单栏中点击【开始】按钮，出现很多选项，点击【添加片头】按钮，如图 3-4 所示，随即右侧窗口添加了一个空白的图片框，这就是在视频制作过程中的"时间轴"，添加的所有照片、文字、音频及视频都将依次排列在时间轴里。时间轴用于组织和控制影片内容在一定时间内播放的层数和帧数。可以简单理解为时间轴是决定画面出现先后顺序以及所在层次的工具。

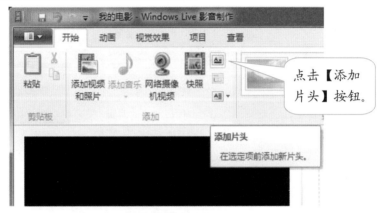

图 3-4　添加片头

2. 在界面的左侧是视频制作的预览框，用鼠标点住时间轴上的竖线前后移动可以选定对象，该对象内容显示在左侧的预览框中。制作影片的过程都将在预览框中完成，如图 3-5 所示。

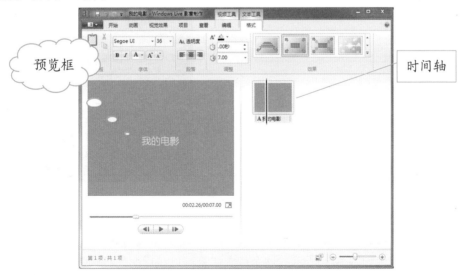

图 3-5　预览框和时间轴

3．在时间轴上选定片头位置，然后在预览框中编辑片头文字，点击【我的电影】，鼠标变成一个竖线，此时可以更改文本框里的内容。点击菜单栏中的【文本工具】，下方依次列出"剪切板""字体""段落""调整""效果"5 个栏目，在"字体"栏对片头文本的字体、大小和格式进行编辑；在"段落"栏对文本的透明度和对齐方式做规定；在"调整"栏选择片头字幕的开始时间和文本时长（即文本的播放时长）以及文字的颜色，如图 3-6 所示。

图 3-6　片头字幕的编辑

4．给片头字幕加上动画效果。选中所编辑的文本，在"效果"栏，选中其中一种喜欢的动画形式就可轻松完成文字特效的添加，这里选择的是"爆炸效果"。点击预览框下的播放按钮对效果进行预览，如果不满意，可以重新进行选择和添加。Windows Live 影音制作 2011 提供了包括"强调""飞入""滚动""摇摆""电影"和"流行型"等 20 种动画效果，如图 3-7 所示。

图 3-7　选择动画效果

5．一个完整的片头是由文本和一张纯色的背景图片组成的，为了制作一个完美的片头，需要分别设置文本和背景图片。点击菜单栏中的【视频工具】，为背景图片设置时长和颜色，如图 3-8 所示。这个片头字幕可以在后面的视频相册制作中反复添加，只需更改文本的内容或背景图片的颜色就可以了。

文本式片尾的制作方法与片头是一样的，这里不再赘述。

图 3-8　设置背景图片时长

营造不同的氛围，会产生不同的艺术效果，好的片头和片尾一定会给视频相册增色。

视觉语言　大显身手

在视觉艺术中，创作者离不开对视觉能力的把握。视频相册的制作本身就是一种把无声的视觉文化转化为形象的语言，这就是视觉语言，Windows Live 影音制作 2011 最大的特点就是让照片动起来。

● 添加照片

把照片依次添加到时间轴中，有两种方式：

一种方式是点击【开始】→【添加视频和照片】，弹出文件夹后选择照片添加即可，如图 3-9 所示。

图 3-9　添加照片

另一种方式是选中照片，用鼠标直接拖入时间轴中。

● 给照片加入视觉效果

许多美丽的东西是通过视觉的作用留在大脑中从而成为我们美好的记忆，给不同的照片加上合适的视觉效果会让那种记忆更加深刻。

点击【视觉效果】即会出现效果列图，如图 3-10 所示。通过时间轴定位照片，然后在预览框中分别为照片选择和添加视觉效果。

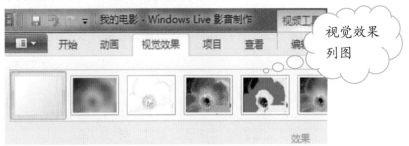

图 3-10　视觉效果

Windows Live 影音制作 2011 软件提供了"模糊""边缘检测""招贴画""阈值""黑白-滤镜""电影""3D 波纹""像素化""扭曲"等 30 余种视觉效果可供选择。如图 3-11 所示是为照片添加了"放大中心并向右旋转"的效果，是不是稍加改变就让照片中的人物更加妩媚了？

图 3-11　"放大中心并向右旋转"效果

给照片添加"色调-循环整个色谱"的效果，会得到不同的视觉体验，如图 3-12 所示。

图 3-12 "色调-循环整个色谱"效果

在制作过程中也可以尝试使用一些较为夸张的视觉效果，如图 3-13 给照片添加了"边缘检测"这一效果。Windows Live 影音制作 2011 提供的 30 余种特效都可以逐一尝试，只要将鼠标放在选择的效果图框上，预览框中就会自动播放这一效果的使用状况。

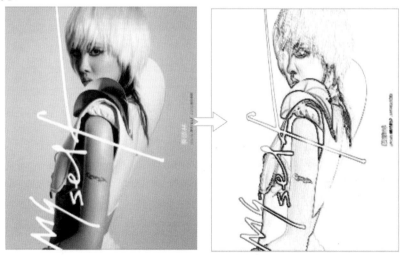

图 3-13 "边缘检测"效果

● 给照片加入动画效果

为照片加入动画效果，特别是家庭照片以及自己的写真，会让照片更为生动有趣。点击【动画】，在"平移和缩放"中，Windows Live 影音制作 2011 提供了"沿左侧向上平移""放大右下侧""缩小顶部"等 33 种动画效果，可以在不同的照片中穿插使用，每一种效果都十分细腻柔和。如图 3-14 所示，点击最右侧的下箭头可以打开"平移和缩放"列表。

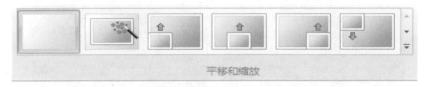

图 3-14 "平移和缩放"列表

● 设置照片的显示时间

选中照片，点击【编辑】，在"时长"处设置照片的播放时长。每一张照片的出场时间可以是不一样的，分别给它们设置就可以了，如图 3-15 所示。

图 3-15 设置"时长"

视频上场 穿针引线

Windows Live 影音制作 2011 不仅可以添加照片，还可以添加视频文件。点击【开始】→【添加视频和照片】，将准备好的视频文件添加到时间轴中，插入视频的时间轴中会出现一个重复的连续多行的图片，这是该视频的第一帧。点击【视频工具】按钮，在这个选项卡中完成对插入视频的各种编辑，如图 3-16所示。

● 巧用【视频音量】

【视频音量】是调节视频音量的大小的按钮，这里介绍一个巧用【视频音量】的妙招。如果选用了一段视频资料，但是只想要视频中的画面，而不想要视频中的声音，这个时候可以将【视频音量】调为静音，然后，在后面的制作中换成自己喜欢的背景音乐或音频文件。这个方法在制作一些纪录片的时候会经常用到。

在"淡入""淡出"选项中可以设置视频开始与结束时的音量大小，选择合适的音量以达到"淡入""淡出"的柔和效果，让视频的出现与消失显得不那么突兀。音量的延时在"淡入""淡出"的下拉菜单中提供了四种效果："无""慢速""中速"和"快速"可供选择，如图3-16所示。

图3-16　巧用【视频音量】

● "慢镜""快进"给时间加"特写"

在视频制作中，时间是可以延长和缩短的，其中延长时间的一个重要方法是使用慢镜头。慢镜头可以延长现实中的时间、延长实际运动过程。它被认为是"时间上的特写"，这种时间的"放大"与叙事铺垫结合在一起，造成一种独特的视觉效果，创造抒情的慢节奏、强调关键的动作，营造出深邃的艺术意境。相反，缩短时间的方法就是使用"快进"。在"速度"的下拉菜单中选择数值可以实现这两种效果在视频中的使用，如图3-17所示。

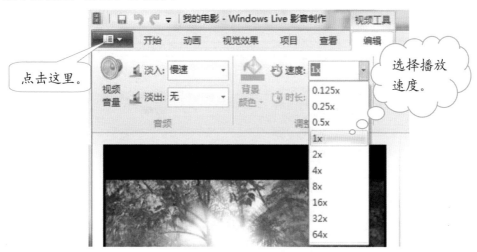

图3-17　设置"慢镜""快进"效果

● 剪辑视频，取其精华

　　在【视频工具】中可以实现对视频的"拆分"，即对视频进行剪辑，删除不需要的片段，取其精华的片段。也可以在视频中加入照片，形成"混搭"的形式。具体的操作是：将光标放在要拆分的时间点上，点击"视频工具"栏下的【拆分】按钮，视频将在光标处拆分开，光标停留在新片段的开始，如图 3-18 所示。

　　Windows Live 影音制作 2011 提供了视频剪辑的精确设置。选中视频后，单击【视频工具】中的【剪辑工具】按钮，弹出对话框。在"起始点"输入希望视频开始的时间，在"终止点"输入希望视频结束的时间。然后点击【保存剪裁】完成剪辑，如图 3-19 所示。

视频剪辑的精确设置。

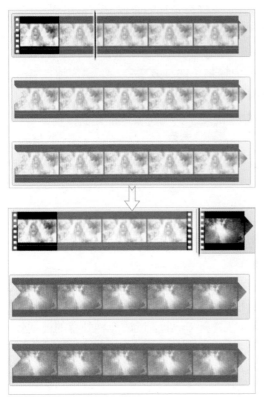

图 3-18　视频"拆分"

【影音制作】按钮

图 3-19　视频"剪裁"设置

● 手机视频，直接导入

　　在 Windows Live 影音制作 2011 中，不仅可以添加电脑中的视频，还可以直接导入手机视频。单击【影音制作】按钮（图 3-19），在下拉菜单中选择"从设备中导入（D）"，在弹出的对话框中会出现当前和电脑已连接的设备，双击设备图标后选择视频即可完成添加，如图 3-20 所示。

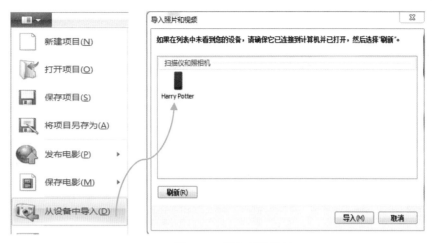

图 3-20　导入手机视频

● 随录随用，就地取材

Windows Live 影音制作 2011 支持使用摄像头录制视频。点击【开始】→【网络摄像机视频】，出现"网络摄像机"窗口。单击红色的【录制】按钮开始录像，完成后单击正方形的【停止】按钮结束录制，如图 3-21 所示。

录制的内容被直接导入到视频制作当中了。

图 3-21　使用摄像头录制视频

提示　Windows Live 影音制作 2011 同样支持使用数码相机和数码摄像机录制视频。

引入过渡　自然流畅

前面两节学习了如何添加照片和视频，并为它们加入特效，本节学习如何制作照片与照片、照片与视频之间的过渡。如果不添加过渡效果，那么一张照片播放完成后就会突变到下一张，十分突兀。 Windows Live 影音制作 2011 提供了多种细腻的过渡效果。

点击【动画】，出现"过渡特技"列表，如图 3-22 所示。

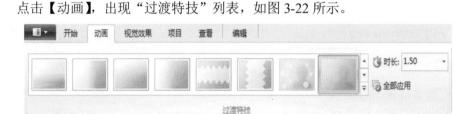

图 3-22　"过渡特技"列表

选中图片，然后在"过渡特技"中选择一种特效。注意：添加的特效是当前照片出现时的特效，即上一张照片转换到当前照片时的特效。Windows Live 影音制作 2011 提供了"对角线""溶解""布局和形状""溶解""掀起""粉碎""扫描和卷曲""擦出""电影"和"流行型"等 80 余种过渡效果，如图 3-23 所示。

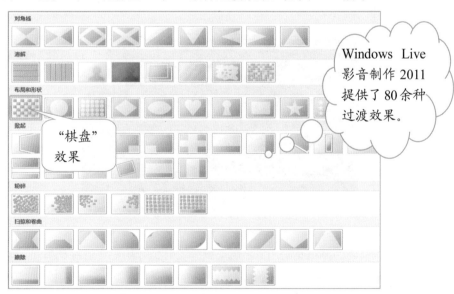

"棋盘"效果

Windows Live 影音制作 2011 提供了 80 余种过渡效果。

图 3-23　"过渡特技"列表

一张照片播放结束，另一张照片紧接着开始，这就是所谓电影的镜头切换，为了使切换衔接自然或更加有趣，可以根据图片的内容使用各种各样的过渡效果。如图 3-24 所示，为两张照片之间的过渡使用了"交叉进出"的过渡效果。

将时间轴上的光标线放在后一张照片上，再将鼠标放在"过渡特技"中的"交叉进出"图标上，这时预览框中将播放使用了"交叉进出"后两张照片的过渡效果。

添加完过渡效果，还需要设置过渡效果显示时间的长短。在"时长"选项的下拉菜单中设置需要的时长即可，可以一边预览一边试着选择，直到满意为止。

特别提示，过渡效果的时间显示将分别计算在前后两张图片的显示时间当中，即如果两张图片之前设置的显示时间都是 7 秒，过渡效果时间设置为 2 秒，那么播放完两张图片将总共用时 7+7-2=12 秒，会略短于两张图片单独播放的时间。所以，在分别为每张照片设置播放时间时就要考虑到加入过渡效果后占用的时间，从而适当延长每张图片的显示时间。

为影片引入好的过渡效果可以使整个过程自然流畅，一气呵成。但是过渡效果也不能过分复杂和多样，否则会显得凌乱或有喧宾夺主之嫌。

图 3-24　"交叉进出"的过渡效果

背景音乐　渲染气氛

一张张照片，或者一段段视频记录了生活的美好时刻，但是总觉得还缺少点什么，那就是音乐！为视频相册配上静谧而又舒缓的背景音乐，让它为你生命中的某个精彩时刻伴奏。

点击【开始】→【添加音乐】，弹出快捷菜单"添加音乐（M）"和"在当前点添加音乐（C）"。"添加音乐（M）"指的是选择的音乐将从时间轴的开始（0 秒处）播放；"在当前点添加音乐（C）"指的是被添加的音乐将在光标所在位置开始播放，如图 3-25 所示。

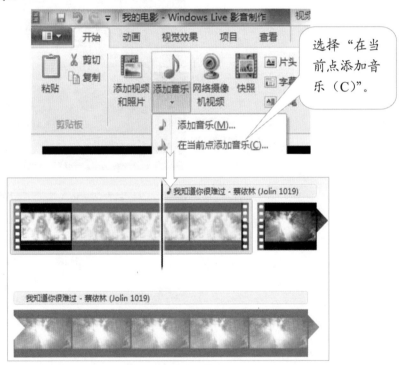

图 3-25　添加音乐的操作

点击【音乐工具】→【选项】，在"淡入""淡出"选项中可以设置音频开始与结束时的音量大小，选择合适的音量以达到"淡入""淡出"的柔和效果，让音频的出现与消失不那么突兀。音量的延时在"淡入""淡出"的下拉菜单中提供了四种效果："无""慢速""中速"和"快速"可供选择，如图 3-26 所示。

图 3-26 添加音乐的设置

在【音乐工具】→【选项】的设置中，"开始时间"指的是音乐在 Windows Live 影音制作 2011 时间轴上的起始播放时间，主要用于精确调节。"起始点"指的是从所添加音乐本身的某个时间点开始播放，例如，起始点选在 20 秒，则音乐的前 20 秒将被自动剪裁，直接从第 20 秒的地方开始播放。"终止点"指的是所添加音乐本身结束的时间。

在【音乐工具】→【选项】中可以实现对音频的"拆分"，即对音频进行剪辑，删除不需要的片段，取其精华的片段。也可以在音频中加入新的音频，形成"混搭"的形式。具体的操作是：将光标放在要拆分的时间点上，点击【音乐工具】栏下的【拆分】按钮，音频将在光标处拆分开，光标停留在新片段的开始，如图 3-27 所示。

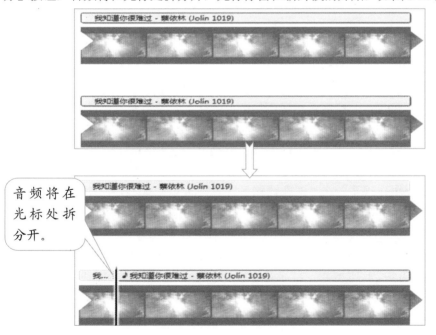

图 3-27 添加音乐的拆分

特别提示：如果所添加的音乐长度超过了时间轴的长度，那超出的部分将被自动删除；如果添加音乐的起始播放时间在时间轴最后一张照片或一段视频之后开始，Windows Live 影音制作 2011 中将会弹出名为"音乐在最后一项之后开始"的气球状提示。同样，音乐将不会在电影中播放，也就是在最后一张照片或一段视频结束时，电影也将结束。

若要修复此问题以播放完整的音乐，可以执行以下一项或多项操作：

1. 添加更多照片和视频。如果添加足够多的照片或视频以使该项目时长超过第一首歌曲的长度，则完整的歌曲将在你的电影中播放。

2. 调整电影以匹配音乐时长。若要进行此操作，请在【开始】选项卡的【编辑】组中单击【匹配音乐】。所有照片的时长都将得到调整。由于照片的时长将延长，完整的音乐可能会被播放，但具体取决于照片的数量、视频的大小以及音乐的时长。

3. 延长照片播放时长。根据需要调整照片的时长并延长一张或多张照片的播放时长。延长一张或多张照片的显示时长后，由于整个项目的时长得到延长，完整的音乐就会被播放。

字幕旁白　点睛之笔

将提前录制好的画外音插入视频相册中叫作"旁白"。旁白可以将作者的内心世界更直观地表达出来，几秒钟就能为观众剖析影片的精华所在，具有点睛之笔的作用，所以旁白不可忽视。给视频相册添加旁白实际上就是加入一个音频文件，和添加背景音乐的方法是一样的，这里不再赘述。下面介绍给视频相册添加字幕的方法。

字幕可以添加在图片上，也可以添加在视频上。首先将光标线移动到需要添加字幕的图片或视频上，单击【开始】，在"添加"栏内点击【字幕】，如图 3-28 所示。此时预览框中出现了一个"请在此输入文本"的文本框，在文本框中输入字幕文字，可以单行也可以多行。将鼠标移动到文本框的虚线处，鼠标变成上下左右四个箭头的形状，此时可以拖动文本框改变它在图片上的位置；将鼠标移动到文本框的四个顶角，鼠标变成斜向的两个箭头，此时按住鼠标左键拖动可以改变文本框的大小，如图 3-29 所示。

添加字幕后，会出现【文本工具】选项卡，在此处可以设置字幕的字体和格式，更改参数。在"字体"栏目中可以更改字幕的字体、大小、颜色，Windows Live 影

图 3-28 添加字幕的操作

> 输入的文字在"字体"和"段落"中做调整。

图 3-29 输入文本

音制作 2011 还提供了将字体加粗、斜体等功能。在"段落"栏目中可以更改字幕的对齐方式——"左对齐""居中"和"右对齐"。Windows Live 影音制作 2011 还可以更改字幕的透明度。单击【透明度】按钮，出现一个可以左右滑动的调节栏，越往左边的减号方向，透明度越小，字幕越深；越往右边的加号方向，透明度越大，字幕越浅。

接下来设置字幕的显示时间，即在调整栏目的"文本时长"中修改。软件的默认时长是 7 秒，可以根据图片的长短配合更改，如图 3-30 所示。

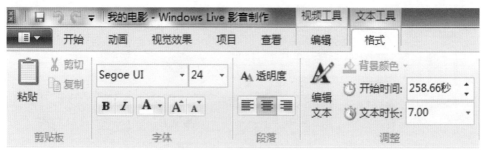

图 3-30　字体效果的设置

　　字幕也是可以添加视觉效果的。Windows Live 影音制作 2011 提供了"飞入""流动""摇摆""缩放""电影""流行型"等 20 种视觉效果，选中字幕后在【文本工具】的"效果"中选择一种即可，如图 3-31 所示。

> 提示　Windows Live 影音制作 2011 提供了 20 种字幕进入的效果。

图 3-31　字幕效果列表

　　字幕进入效果的选择要根据照片或视频的内容而定，才能起到"点睛"的作用，如图 3-32 所示为"流行型–淡化–3"的字幕效果。

图 3-32　字幕效果

　　特别提示：在一部影片中，字幕文本框可以反复添加，但在时间轴中不可以重叠，即在同一个时间点只能有一个字幕文本框出现。不同的文本框可以设置不同的字体大小、颜色和动画，但在同一个文本框中这些参数必须一致。

<h1 style="text-align:center">发布电影　大功告成</h1>

　　视频相册全部编辑完成之后，要把电影的音频、视频和字幕封装，即生成视频文件。在软件界面左上角【影音制作】的下拉菜单中选择【保存电影（M）】，弹出快捷菜单，如图 3-33 所示，在这里可以选择生成电影的格式和清晰度。Windows Live 影音制作 2011 提供了多种视频格式，其中"高清晰度显示器（H）"保存的视频是最清晰的，16:9 格式的分辨率是 1920×1080，4:3 格式的分辨率是 1440×1080，都达到了 1080p 的清晰度；"刻录 DVD（D）"所发布的电影是分辨率为 720×480 的".wmv"文件，也是标准的 NTSC 制式；"计算机（C）"发布的电影是分辨率为 640×480 的".wmv"文件，文件体积较小，便于传输和携带。另外，Windows Live 影音制作 2011 还提供了各种在移动设备中播放的输出视频格式。

图 3-33　选择发布电影的格式

　　如果这些预设的格式仍不能满足你的要求，你还可以在【保存电影（M）】菜单的最后一个选项中选择"创建自定义设置"，在弹出的对话框中设置宽度、高度、比特率、帧率和音频格式等参数，如图 3-34 所示。

图 3-34　自定义格式

58

选择好视频格式后，便会弹出"保存电影"的对话框，在这里选择电影存放的文件夹，选择完成后点击【保存（S）】按钮即开始封装保存视频相册，如图 3-35 所示。

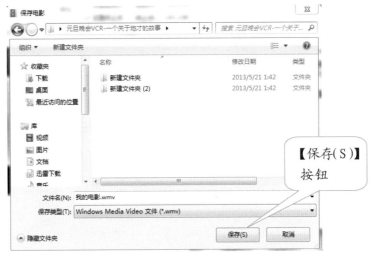

图 3-35　保存视频相册

发布一部 10 分钟的电影通常需要 15 分钟的时间，当然这也取决于电脑的配置。这样一部电影就制作完成了。

《会声会影》让你登上导演的宝座，即使你毫无影片制作经验，也可以轻松愉快地在自己的电脑上剪辑影片，体验家庭电影制作的乐趣。

　　本章从认识《会声会影》X5 视频剪辑软件的功能入手，通过对视频的捕获与截取、影片的剪辑与调整、滤镜与特效的添加、覆叠与标题的合成、字幕设置与主题配乐、影片分享与光盘制作等内容的学习，全方位地剪辑出一部撷取强、剪接妙、转场棒、特效酷、覆叠赞、字幕炫、配乐优、烧录行的家庭电影。

第四章

《会声会影》，电影制作酷体验

本章学习目标

◇ 体验——从了解开始

本节介绍《会声会影》X5 的功能和工作流程，学会软件的安装、注册以及激活的方法。

◇ 编辑——让电影素材更生动

学会用各种形式来捕获电影素材（包括视频和图片）；学会包括"视频剪裁""场景分割""调整播放"等内容在内的电影制作方法。

◇ 特效——让影片内容更鲜活

将"滤镜""转场""覆叠"等特效技术应用到影片的制作过程中，旨在营造出唯美、震撼的视觉效果。

◇ 点睛——标题、字幕和背景音乐

一部影片的标题和字幕将起到阐明主题、提示信息、完善内容的作用；好的背景音乐衬托以及适时的旁白有点睛之妙。

◇ 分享——影片输出

制作完成后的视频将被分享为不同格式的电影文件，然后存放到电脑中，还可以制作成 DVD 光盘，在 DVD 机上播放。

体验——从了解开始

《会声会影》是一款大众型、超人气的视频剪辑软件，它具有专业的模板、高水准的实时特效、精美的字幕和平滑的转场效果，通过对视频的捕获、剪切、配乐、加入字幕等操作，能让你全方位剪辑出不同寻常的视频作品，如图4-1所示。

一、《会声会影》X5功能简介

图4-1 《会声会影》X5

● 完备的视频编辑方案

《会声会影》X5可以直接从数码摄像机、数码相机、网络及各种移动设备中捕获视频和照片，并通过软件提供的各项功能对视频或相册进行个性化的设置，可以创建用户喜欢的DVD模板或导入模板将其存储在媒体库中。支持输出多种格式的视频成果，如DVD、MPEG-4、Web、HTML5等。

● 完善的视频编辑功能

《会声会影》X5拥有更多的编辑功能模块，让用户方便地进行视频和相册的编辑创作，体验非线性编辑所带来的快感，创建赏心悦目的专业级视频作品。即使你是入门新手，也可以在短时间内体验影片剪辑带来的乐趣。

● 完美的视频创意体验

《会声会影》X5可以对视频内容进行任意的变形处理，有100余项的效果滤镜和覆叠帧、对象及Flash动画等手段来提高视频制作的创造力。

二、《会声会影》X5的工作流程

1. 捕获DV格式的视频素材。
2. 对素材进行初步剪辑和排序。
3. 在影片之间添加各种形式的转场。
4. 为影片添加各种特效。
5. 为影片制作字幕和对白。

6．对影片进行渲染和输出。用户可将影片渲染成惯用格式的视频文件保存在电脑中，也可制作成 DVD 光盘。

三、安装《会声会影》X5

1．将软件的安装盘放入计算机的光驱，双击安装程序的图标，执行安装命令，如图 4-2 所示。

2．勾选接受条款，点击【下一步】，在弹出的对话框中选择国家、设置软件

图 4-2　执行安装命令

的安装路径，然后单击【立即安装】，安装程序会自动进行软件的安装，如图 4-3 所示。

图 4-3　《会声会影》X5安装界面

四、《会声会影》X5 的注册与激活

《会声会影》X5 在很多软件下载的网站都可以免费下载，但是安装注册后只有 30 天的试用期限，30 天以后用户需要购买并激活软件。

注册与激活软件的操作如下：

1．填写"电子邮箱地址（E）"与"国家或地区（C）"，点击【注册（R）】，如图 4-4 所示。

2．注册后进入《会声会影》X5欢迎界面，点击界面右上角的"齿轮"图标，如图4-5所示，将进入购买软件界面。

图 4-4　《会声会影》X5注册界面

图 4-5 《会声会影》X5 的欢迎界面

3．进入购买软件界面后，点击【立即购买】，如图 4-6 所示。

图 4-6 《会声会影》X5 购买软件界面

4．在弹出的对话框中输入序列号，点击【致电 Corel】，如图 4-7 所示。

5．查看 Corel 公司服务中心的电话号码，电话告知对方序列号后将得到一组激活代码，填写到相应的位置即可，如图 4-8 所示。

6．点击【继续】按钮，弹出激活成功的对话框，表示该软件的注册与激活已完成。

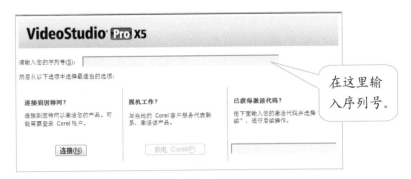

在这里输入序列号。

图 4-7 填写序列号

在对应的栏里填写各项信息。

图 4-8 《会声会影》X5 认证界面

编辑——让电影素材更生动

《会声会影》X5 自带了很多专业的视频、图片和音频素材，但更多的时候我们希望把自己的素材添加到影片的创作中，本节将详细介绍视频素材的捕获与编辑。

一、认识《会声会影》X5 主界面

图 4-9 所示为《会声会影》X5 的主界面，其

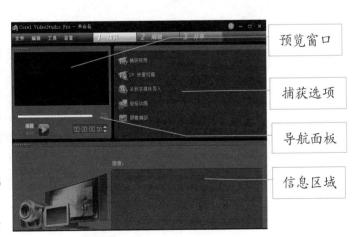

预览窗口

捕获选项

导航面板

信息区域

图 4-9 《会声会影》X5 主界面

四个功能区的作用请参照表 4-1 的说明。

表 4-1 《会声会影》功能区的作用列表

区域	功能介绍
预览窗口	查看捕获媒体素材的窗口
导航面板	用于控制视频的播放
捕获选项	捕获对象的控制按钮，点击图标按钮打开相应的捕获面板
信息区域	显示捕获设备、捕获格式、文件大小等信息

二、捕获视频

点击《会声会影》X5 主界面上的【1 捕获】命令，将进入捕获界面，选择捕获选项，其中包括"捕获视频""DV 快速扫描""从数字媒体导入""定格动画""屏幕捕获"选项，大体分为三类。

● 从外部设备捕获视频

对于不同类型的视频，捕获的步骤是类似的，但捕获视频的设置选项是不同的，这里以捕获 DVD 视频为例，进行捕获设置，点击【1 捕获】按钮，弹出"捕获设置"界面，按照下列表格中的选项进行设置后，点击【捕获视频】按钮，开始捕获，如图 4-10 所示。

图 4-10 《会声会影》X5 捕获设置界面

界面右上部各项参数的含义如表 4-2 描述。

表 4-2 捕获设置界面参数含义

选项	功能介绍
区间	指定捕获素材的播放时长，可选单位为小时、分钟、秒和帧
来源	当前进行捕获操作的视频设备
格式	设置捕获视频的文件保存格式
捕获文件夹	指定一个文件夹，用来保存所捕获的视频文件
捕获到素材库	勾选此项后，在捕获视频过程中软件会自动按照场景进行分割
选项	点击它打开快捷菜单，对捕获设置进行修改
捕获视频	将当前所选择的视频设备中的媒体视频导入计算机的硬盘中
抓拍快照	将当前显示的视频帧捕获为图像

● 从电脑中捕获视频

点击【从数字媒体导入】，弹出"选取'导入源文件夹'"对话框，在所需要的文件夹框前打钩，该文件夹中的所有内容即被导入软件中，如图 4-11 所示。

 提示 现在许多 DV 设备都是采用记忆棒保存视频录像，将这类视频录像导入《会声会影》时，都采用"从电脑中捕获视频"的方法。

图 4-11 选择捕获的视频文件

● 屏幕捕获

点击【屏幕捕获】，弹出"屏幕捕获"界面，即可捕获当前屏幕上的内容。点击红色录制按钮，开始录制屏幕上的内容；释放红色按钮，录制结束，如图 4-12 所示。

开始录制。

图 4-12　屏幕捕获的操作

提
示 为了避免在捕获视频的过程中出现磁盘空间不足的情况，应考虑将工作磁盘设置到系统以外的其他空间。

三、编辑视频

● 完备的视频编辑方案

点击《会声会影》X5 主界面上的【2 编辑】命令，进入编辑界面，在这里对视频进行选择和剪辑，如图 4-13 所示。

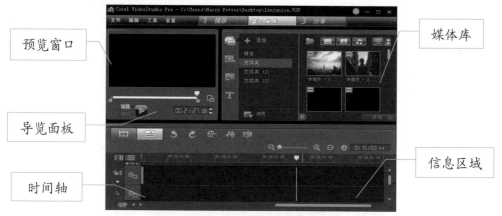

预览窗口

媒体库

导览面板

时间轴

信息区域

图 4-13　《会声会影》X5 编辑界面

编辑界面各主要功能区的作用如表 4-3 所述。

表 4-3　编辑界面各主要功能区的作用

区域	功能介绍
预览窗口	查看影片制作过程的窗口
导览面板	控制"预览窗口"内视频的播放。不同的捕获方式，面板有所不同
时间轴	所有制作影片的素材都将排列在这里进行剪辑和特效处理
媒体库	捕获的所有媒体文件全部存放在这里以备在影片制作中使用
信息区域	显示捕获设备、捕获格式、文件大小等信息的窗口

● 将素材加入时间轴

在媒体库中选择一个视频文件，用鼠标按住直接拖放至时间轴，如图 4-14 所示。

图 4-14 将素材添加到时间轴中

另外一种添加视频及其他媒体文件到时间轴的方法是：在时间轴的"视频轨"上单击鼠标右键，在弹出的快捷菜单中选择"插入视频"，然后在打开的媒体库中选择需要添加的视频即可。

导入视频文件以后，要为该视频设置属性。

● 设置视频的属性

点击媒体库区域的【选项】按钮，切换成"视频"属性面板，在这里对视频的属性进行设置，如图 4-15 所示。

图 4-15 "视频"属性面板

1. 区间设置。用于显示当前选中视频素材的长度，其中时间格的数字分别对应小时、分钟、秒和帧。单击时间格区域，通过调节时间数字后面的箭头或者直接输入相应的数值来调节视频素材的时间长度。

2．素材音量设置。如果选择的视频素材包含声音，则素材音量为可操作状态，其中100表示原始音量大小，通过调节右侧的 ⬍ 箭头或者直接输入相应的数值来调节音量的大小。

3．静音设置。点击 🔇 按钮，即可将视频中的音频禁止。用此方法可以为源视频更换喜欢的背景音乐。

4．淡入淡出设置。点击 📶 按钮，可以将淡入的效果添加到编辑视频中，让声音产生从零开始逐渐变大的效果；点击 📉 按钮则产生淡出的声音效果，即声音从开始的声响逐渐变成无声的效果。

5．旋转设置。点击 🔄 按钮逆时针旋转编辑视频；点击 🔁 按钮顺时针旋转编辑视频。

6．色彩校正设置。单击【色彩校正】按钮，打开色彩校正属性面板，可以通过此面板调整视频的色调、饱和度、亮度、对比度和 Gamma 值等。

7．分割音频设置。单击【分割音频】按钮，会自动将当前视频文件中的音频分离出来，同时保存在"音轨"中。

8．速度/时间流逝设置。单击【速度/时间流逝】按钮，打开"速度/时间流逝"对话框，可在此自定义调整视频的播放速度、制作慢镜头或快进效果等，如图4-16所示。

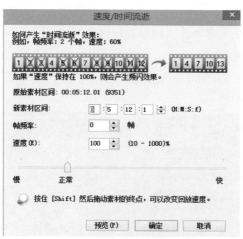

图4-16　"速度/时间流逝"设置

9．按场景分割设置。单击【按场景分割】按钮，打开"场景"对话框，启动场景分割功能，对视频进行分割。软件会根据帧内容的变化或者视频录制的日期、时间自动将一整段视频剪裁和分割成不同的段落，方便后期的剪辑，如图4-17所示。

图 4-17　按场景分割设置

10．反转视频设置。单击【反转视频】按钮可以将当前视频的播放顺序改变为倒放的形式，以达到特殊的播放效果。

11．多重修整视频设置。单击【多重修整视频】按钮，打开"多重修整视频"对话框，将源视频分割成多个片段，以方便在编辑中提取需要的视频段，删除不要的片段，如图 4-18 所示。

图 4-18　将源视频分割成多个片段

● 视频剪裁

视频剪裁的目的是将视频中多余的部分删除，把保留下来的部分重新整合在一起。通过预览窗口和导览面板，可以一边剪裁视频一边预览效果。

1．在时间轴的"视频轨"上单击导览面板中的【播放】按钮，预览当前视频。

2．拖曳预览窗口的擦洗器，调节播放位置到视频的剪裁区域，也可以单击【上一帧】或【下一帧】进行精细的位置调整。

3．点击【开始标记】按钮，则当前位置即为起始点，继续拖曳擦洗器至结束点，点击【结束标记】按钮，当前位置即为结束点，这样一段需要保留的视频就剪裁完成了，如图4-19所示。

图4-19　视频剪裁的操作

 提示　在"时间轴视图"中或"多重修整视频"中也可以对视频进行剪裁操作。

● 分割视频场景

在编辑视频的过程中，有时候需要对视频中的某个片段进行单独的编辑，这时就需要使用分割视频的方法来操作。

图4-20　对视频中的某个片段进行分割

1．选择需要剪裁的视频，拖曳预览窗口的擦洗器至分割视频的位置。

2．单击"剪刀"图标："按照飞梭栏的位置分割素材"（"飞梭栏"即擦洗器），如图4-20所示。

● 调整视频的播放顺序

在视频轨上添加了多个视频素材后，可以对视频的播放顺序进行更改。

1. 切换到"故事板"视图，在这里选择需要移动的视频，按住鼠标拖曳至希望的位置，这时将以一条"竖线"表示，如图4-21所示。

2. 释放鼠标后，此视频将自动放置到新的位置。

图4-21　调整视频的播放顺序

特效——让影片内容更鲜活

特效是特殊效果的简称，如今随着人们对视觉的要求越来越高，制作影片除了要求内容生动以外，营造唯美、震撼的视觉效果也是一件非常重要的事情。

一、使用滤镜

对于我们自己拍摄的视频，画质通常显得很平淡。通过使用《会声会影》软件中的滤镜功能，可以制造出浪漫的效果。《会声会影》预置了几十种视频滤镜，用来实现对视频的各种风格化处理，能创造出美轮美奂的视觉效果。

● 使用单一滤镜

1. 在"媒体库"面板中点击【滤镜】按钮，切换到"滤镜素材库"，《会声会影》X5提供了13组滤镜效果，如图4-22所示。选择不同的滤镜组，显示该组下所有滤镜效果的列表框。

提示　相比Windows Live影音制作，《会声会影》提供的滤镜更加专业和全面。

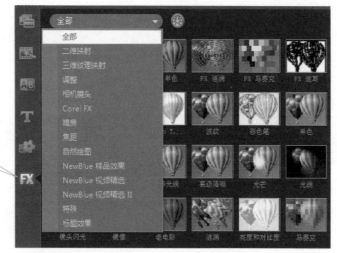

点击【滤镜】按钮。

图 4-22 《会声会影》X5 "滤镜素材库"

2．以选择"气泡"滤镜为例，点击"气泡"滤镜的图框，拖曳至视频轨上的视频素材处再释放鼠标，如图 4-23 所示。

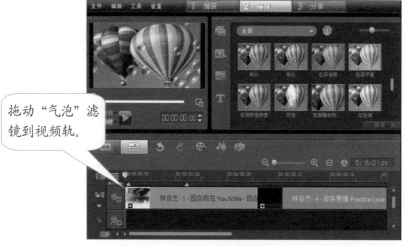

拖动"气泡"滤镜到视频轨。

图 4-23 为编辑视频加入"气泡"滤镜效果操作

对比"气泡"效果加入视频中的前后效果，如图 4-24 所示。

提示

可以给不同的视频片段添加不同的滤镜效果。但在播放之前一定要将左侧的"替换上一个滤镜"的钩去掉，否则前面添加的效果就全没有了。

图 4-24 加入"气泡"滤镜对比效果

● 使用多个滤镜

为了让视频拥有更丰富的视觉效果，可以添加多个滤镜，添加方法如下：

1. 点击"滤镜"区域的【选项】按钮，切换成"滤镜属性"面板，如图 4-25 所示。

2. 取消勾选"替换上一个滤镜"，选择滤镜组中的"去除马赛克"滤镜，按照拖曳"气泡"滤镜的方法拖曳"去除马赛克"滤镜至视频轨上的视频中。

3. 在滤镜列表中就出现了两个滤镜效果，也就是已经在该视频上添加了两种滤镜效果。

图 4-25 使用多个滤镜

二、转场

在影视作品中我们经常看到切换场景的镜头，在《会声会影》里把这种切换的操作称为"转场"。转场就是在播放两段不同的视频时，在它们中间添加一段用来过渡的特殊效果，目的是使画面的衔接看上去更自然。《会声会影》X5 中提供了众多的转场效果，具体的选择和搭配要根据视频的需要和用户的喜爱来定夺。

● 使用"默认转场效果"

1. 在"媒体库"面板中单击【转场】按钮，切换到"转场素材库"，《会声会影》X5 提供了 16 组转场效果，如图 4-26 所示。单击画廊下拉菜单，选择"全部"类别。

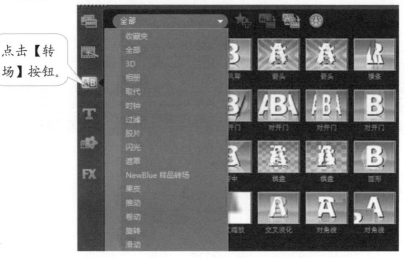

点击【转场】按钮。

图 4-26　《会声会影》X5"转场素材库"

2. 切换到"故事板"视图。

3. 在转场类别素材库中选择一种转场模板，例如"对开门"转场效果，用鼠标拖曳"对开门"转场效果至第一段和第二段视频之间，如图 4-27 和图 4-28 所示。

点击切换到"故事板"视图。

图 4-27　未在第一段视频和第二段视频之间添加转场效果

图 4-28　已在第一段视频和第二段视频之间添加转场效果

● 批量使用转场效果

如果需要添加的转场效果很多，可以通过软件自带的"使用默认转场效果"功能批量添加视频间的转场效果。

1. 在视频轨中选择要添加的转场效果，按键盘上的 F6 快捷键，打开"参数选择"对话框，切换到【编辑】选项卡。

2. 勾选"自动添加转场效果（S）"，选择默认效果为"随机"。设置转场停顿时间，例如设置为"1 秒"，点击【确定】，如图 4-29 所示。

图 4-29 "批量使用转场"效果

3. 在"故事板"视图中添加图像素材，会发现从添加的第二段视频开始，后面每添加一段素材都会自动添加一个转场效果。

三、应用覆叠效果

● 覆叠的概念

所谓"覆叠"就是在同一个画面中同时播放两个以上的动态画面，类似"画中画"的效果。覆叠对象可以是动态的视频，也可以是静态的图片。

● 添加媒体库中的文件到覆叠轨

从媒体库中添加的覆叠对象，除了视频、图像和色彩以外，主要是软件自带的"装饰"素材。点击【图形】按钮，打开"图形素材库"，这里包含了"色彩""对象""边框"和"Flash 动画"，如图 4-30 所示。

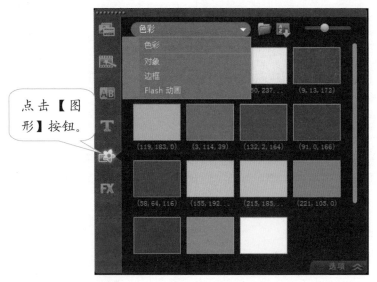

点击【图形】按钮。

图 4-30 "图形素材库"

表 4-4 是"图形素材库"所包含元素的性质描述。

表 4-4 "图形素材库"元素功能介绍

选项	功能介绍
色彩	一种纯色的图像文件
对象	一些边缘镂空的 PNG 图像文件，主要是一些小的装饰性物件，它可以为影片的画面增添活泼有趣的元素
边框	一种中间部位镂空的 PNG 图像文件，它可以为视频画面添加各种边框效果
Flash 动画	除了能产生透明的图像外，还可以提供动画的视觉效果

从媒体库中选择视频、图像、色彩、边框、装饰以及 Flash 动画等作为覆叠对象，添加的方法都是一样的，下面以添加图像为例来介绍它们的使用方法。

1. 单击"媒体库"面板中的【图形】按钮，在素材库中选择一种对象（例如椰子图片），将其拖曳到覆叠轨中，如图 4-31 所示。

提示　向覆叠轨中添加自己的视频，方法和添加图像是一样的。

将覆叠图像拖动到覆叠轨。

图 4-31 添加椰子图像到覆叠轨

2．调整覆叠对象的区间长度，使其与视频轨的视频长度一致，如图 4-32 所示。

图 4-32 调整覆叠对象的区间长度

3．在预览框中预览效果如图 4-33 所示。

图 4-33 预览效果

● 添加多个覆叠轨

当添加了一个覆叠对象还不能体现出影片的某种效果时，可以通过软件提供的"轨道管理器"来创建多个覆叠轨。

1. 点击【时间轨】视图切换图标，进入"时间轨"视图，点击【轨道管理器】图标，如图4-34所示。

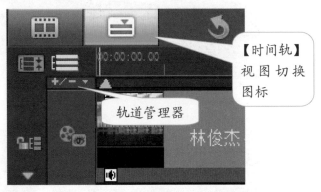

图4-34 "时间轨"视图中的【轨道管理器】图标

2. 打开"轨道管理器"对话框，勾选需要启用的覆叠轨，点击【确定】。

一般情况下，软件默认的覆叠轨为"1"，添加多个覆叠轨，只需勾选相应的覆叠轨数量即可，如图4-35所示。

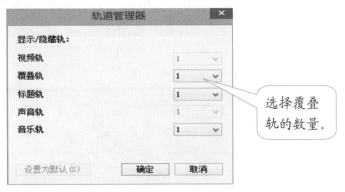

图4-35 "轨道管理器"对话框

3. 返回"时间轨"视图，即可在新增的覆叠轨上添加覆叠对象。

● 编辑覆叠对象

1. 设置覆叠对象的大小。覆叠对象大小的设置很简单，直接在预览窗口中利用鼠标拖曳即可完成。选中覆叠轨中的覆叠对象，其边框出现黄色的控制点，用鼠标点拽控制点完成对象大小的调整，如图4-36所示。

图 4-36 设置覆叠对象的大小

2．更改覆叠对象的位置。用鼠标按住覆叠对象，拖曳至合适的位置即可。

3．调节覆叠对象的透明度。点击覆叠对象区域的【选项】按钮，切换成"覆叠对象属性"面板，如图 4-37 所示。

4．设置遮罩和色度。单击【遮罩和色度键】图标，将打开"覆叠选项"面板，如图 4-38 所示。在这里可以设置覆叠对象的透明度、边框和覆叠选项，各项功能介绍见表 4-5。

图 4-37 "覆叠对象属性"面板

设置透明度。

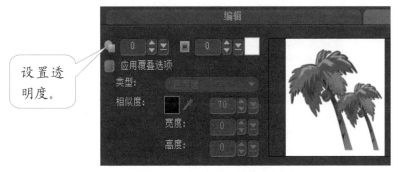

图 4-38 设置遮罩和色度

表4-5　覆叠选项功能介绍

选项	功能介绍
透明度	通过填写数值或拖动的方式来设置覆叠对象的透明度
边框	设置边框的厚度
边框色彩	设置边框的颜色
应用覆叠选项	设置覆叠对象被渲染的透明程度
类型	为覆叠对象选择"遮罩帧"或"色度键"
相似度	指定颜色进行透明度渲染
宽度	修剪覆叠对象的宽度
高度	修剪覆叠对象的高度

5．让覆叠对象产生动画效果。在"覆叠对象属性"面板中选择【方向/样式】，在这里选择覆叠对象进入和退出动画状态时的方向位置。

提示

MTV 中演员背后不断变幻的视频背景就是利用覆叠技术来实现的。演员首先在单色背景下表演，然后利用覆叠功能将单色背景设置为透明，再将这个片段覆叠到变幻的视频背景上。

点睛——标题、字幕和背景音乐

一部影片的标题和字幕将起到阐明主题、提示信息、完善内容的作用。同样，好的背景音乐衬托以及适时的旁白有点睛之妙。

一、影片的标题

● 为影片添加一个标题

1．在"媒体库"工具栏中选择【标题】图标，打开"标题素材库"，如图 4-39 所示。

2．预览窗口出现"双击这里可以添加标题"的提示语。双击提示语的位置，预览框中出现一个矩形文本框，在这个文本框中输入影片的标题，如图 4-40 所示。

点击【标题】图标。

图4-39 "标题素材库"

提示 标题和字幕在一部影视作品中的地位非常重要，《会声会影》X5拥有功能强大的标题编辑器，可以制作出专业级的标题和字幕。

图4-40 添加字幕的文本框

3．点击"标题"面板的【选项】按钮，切换成"标题属性"面板，在这里可以设置标题的字体、颜色和大小等参数。

● 为影片添加多个标题

根据影片场景的需要，搭配一些大小、颜色以及特效不同的文字作为影片的副标题时，就需要添加多个标题。

在预览框中双击鼠标，出现新的文本框，输入副标题的内容即可，如图 4-41所示。

图 4-41　添加两个文本框

虽然是在同一个时间帧上，但是每个标题都有独立的效果，即能够在同一时间显现不同的文本效果。

● 使用"标题预设模板"

《会声会影》X5 提供了很多标题模板，用户可以方便快捷地选取标题模板添加到标题轨中，然后只需进行文字的更改就可以了，如图 4-42 所示。使用标题模板和添加覆叠效果的方法一样，都是通过拖曳的方式添加到时间轴中。

图 4-42　"标题"模板

● 编辑影片标题

1. 调整标题播放长度。有两种方法。

方法一：在时间轴的字幕轨上选中需调整显示时间的标题，在"标题属性"面板中设置标题区间即可。

方法二：将鼠标放置到标题右侧的黄色条块上，当出现箭头符号时按下鼠标左右拖曳即可调整标题显示时间的长度，如图 4-43 所示。

图 4-43 调整标题显示时间的长度

2. 使用"标题预设特效"。选中预览框中的标题，点击【编辑】选项卡中的"预设模板"，在下拉列表中选择"特效模板"，如图 4-44 所示。特效模板中使用的是英文字体，因此在应用了预设特效后，要重新改回标题所使用的中文。

图 4-44 使用"预设特效"

二、影片的音频

● 为影片添加音乐

1. 从媒体库中选择音频文件。从媒体库中选择音频文件添加到影片中的方法很简单，只需在媒体库中选中音频文件，将其拖曳至音轨即可。

2. 从"计算机硬盘"中选择音频文件。在音轨中单击鼠标右键，在弹出的快捷菜单中点击【插入音频】，选择相应的音轨即可，如图4-45所示。

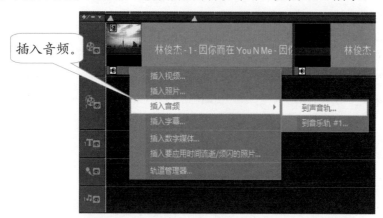

图4-45 在音轨中直接添加音频文件

● 调整音频文件

1．设置音频的播放时间。选中音轨中的音频文件，单击"选项"面板中的"速度/时间流逝"图标，打开"速度/时间流逝"对话框，在"速度"设置框中输入数值，然后点击【确定】。

2．调节音频的音量。一部影片在播放中有时候会同时出现不同的声音，比如影片的对白与背景音乐就常常一起出现，有效地控制每种声音的大小，让不同的声音和谐地出现，音量调节就显得尤为重要。

选中音轨中的音频文件，在"选项"面板中的"素材音量"框中输入音量数值，即可调节该音轨上的音频文件音量的大小，如图4-46所示。

图4-46 调节音量大小

● 去除影片中的杂音

一些视频素材在拍摄中常常会录制到一些杂音，在影片的后期制作中可以通过软件的"音频滤镜"这个功能来做去除处理。

1．分离音频。选中时间轴音频轨上有杂音的音频文件，点击"选项"面板中的

【分割音频】图标，将它从该视频中分离出来，如图 4-47 所示。

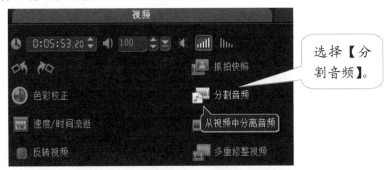

图 4-47 从视频中分离音频

2．选中被分割出来的音频，在"音频属性"面板中点击【音频滤镜】图标，在打开的对话框中选中"可用滤镜（V）"中的"删除噪音"滤镜，点击【添加（A）】按钮，这时"已用滤镜（P）"的框中就添加了"删除噪音"滤镜，然后点击【确定】，如图 4-48 所示。

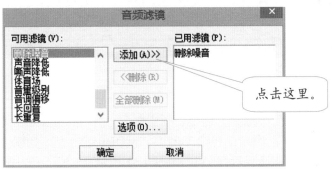

图 4-48 选择"删除噪音"滤镜

● 替换视频原有的背景音乐

1．在时间轴上音频轨的空白位置单击鼠标右键，在菜单中选择"插入音频"下的"到声音轨"选项。

2．在打开的对话框中选好要添加的音频文件后，在"选项"面板中设置其区间，并调整与视频的播放时间一致。

3．将源视频的音频音量设置为静音。

提示 "音频滤镜"可以用来掩饰原始音频的缺陷或者添加特殊的音效。

分享——影片输出

影片制作完成后，点击《会声会影》X5 主界面上的【3 分享】命令，在打开的"分享面板"中提供了多种影片输出的方式，如图 4-49 所示。这些输出命令从功能上分，分别是创建视频文件到电脑、将视频文件导出并上传到网络、分享视频到 DV 设备，以及导出视频到移动设备。下面介绍创建视频文件和创建光盘的具体操作。

图 4-49　输出方式列表

一、创建视频文件

在"分享面板"中选择"创建视频文件"命令，在弹出的菜单中选择一种视频格式，这里选择的是"DVD 视频（4:3 Dolby Digital 5.1）"，如图 4-50 所示。选择视频的存放地点后点击【保存（S）】，如图 4-51 所示。

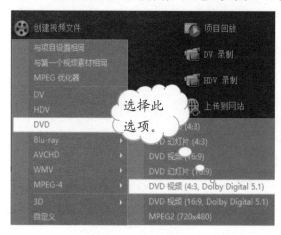

图 4-50　选择视频格式

图 4-51　选择保存路径

可选择的视频格式及属性：

● 与项目设置相同

选择此命令将默认输出与项目文件属性设置完全一样的视频文件。

● 与第一个视频素材相同

将输出与添加到文件中的第一个视频素材属性相同的影片。

● MPEG 优化器

该选项主要用于分析并检查项目的最佳 MPEG 设置，使项目的原始片段设置与最佳配置兼容，以节省渲染时间和提高影片的品质。

● DVD

此选项下包括 7 种输出格式，用于选择输出固定尺寸和格式的 MPEG 文件。

● Blu-ray

输出为蓝光光盘格式的影片，其中包含了 M2T 和 H.264 两种格式。

 提示 选择"创建声音文件"，可以将影片中的音频单独输出并保存，制作成电影 MP3。

二、创建光盘

1．在"分享面板"中单击【创建光盘】。

2．在打开的"创建视频光盘"对话框中根据向导依次设置"添加媒体""菜单和预览"和"输出"即可创建一张 DVD 光盘，如图 4-52 所示。

图 4-52 光盘制作向导

特别提示：《会声会影》制作的 DVD 光盘并不够精致，我们将在第六章中学习用专业的 DVD 光盘制作软件 Adobe Encore 制作精美的 DVD 光盘。

完美与平凡都是人类的特质，却是不同的追求，有的人不管做什么事都喜欢登上写满了完美的舞台。Premiere 就给你提供了一个影片制作的完美舞台。

Premiere 是一款非常专业的视频编辑软件，能制作出画面质量超好的影片，目前这款软件广泛应用于广告和电视节目的制作。

本章从创建一个视频工程项目入手，通过对影片素材的导入与编辑、影片字幕和背景音乐的设计、画面转场的应用以及影片的输出等内容的介绍，旨在抛砖引玉，把这个视频编辑软件呈现给读者，让读者多一种选择，从而制作出更加完美的视频作品。

第五章

Premiere，让影片更精彩

本章学习目标

◇ 建立项目　导入素材

　　启动 Premiere Pro CS6，建立一个视频工程项目，将备选的素材导入这个项目中是进行视频制作的第一步工作。

◇ 修剪素材　整合就位

　　将素材导入"项目"面板之后，需要对这些素材进行修整、编辑和整合，以达到视频制作的要求。

◇ 添加字幕　提升信息

　　字幕是影片制作中常用的信息表现元素，单纯的画面不能完全取代文字信息的功能，完美的影片必须是图文并茂的。

◇ 转场特效　丰富画面

　　在时间轴中为两个相邻的素材添加视频转换效果，称之为"转场"，它可以使影片素材间的过渡和连接更加自然、和谐。

◇ 背景音乐　有声有色

　　Premiere Pro CS6 不仅能对视频进行编辑，还能对音频进行编辑，使我们制作的影片"有声有色"。

◇ 影片输出　分享成果

　　影片制作完成后，要以视频的格式输出，这样才可以存放到电脑里，随时随地分享。

建立项目 导入素材

Premiere 是由 Adobe 公司推出的一款非常专业的视频编辑软件。Premiere 有很好的兼容性，尤其是与 Adobe 公司推出的其他软件，如 Photoshop、After Effect 等软件相互协作，能制作出画面质量超好的影片。目前，这款软件广泛应用于广告制作和电视节目制作。

建议下载安装 Adobe 公司的套装产品 Adobe Creative Suite 6，它包含了 Premiere Pro CS6 和 Adobe Encore CS6（我们将在第六章介绍这个软件）。

官方下载地址：http://www.adobe.com/cn/downloads.html

Premiere 没有官方的简体中文版本，但是这个软件的汉化包可以在很多下载网站下载，根据网站提示可以将英文版转化为简体中文版。

汉化包下载地址：https://www.newasp.net/soft/66333.html

图 5-1 所示为 Premiere 启动界面，按照向导提示安装即可。

图 5-1　Premiere 启动界面

一、建立项目

1. 打开 Premiere Pro CS6，首先进入欢迎界面，点击【新建项目】图标，新建一个视频工程文件，如图 5-2 所示。

2. 在弹出的"新建项目对话框"中，选择【常规】选项，对"视频""音频"

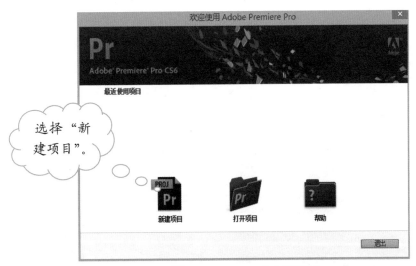

图 5-2　Premiere 的欢迎界面

"采集"进行设置。在"位置"栏点击【浏览...】选择新建项目文件的存放地点；在"名称"栏给该新建项目文件起个名称，然后单击【确定】按钮，如图5-3所示。

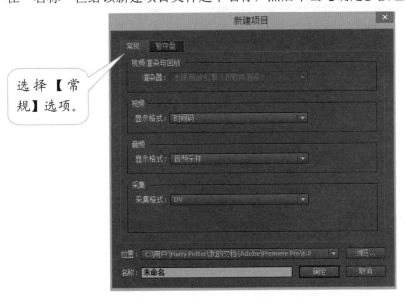

图 5-3　"新建项目"对话框

3. 弹出"新建序列"对话框，选择【序列预设】选项，根据项目文件的类型选择参数的预设，目的是在编辑中节省时间，提高效率。这里选择"DV-NTSC"列表中的"宽银幕 48 kHz"，此时"预设描述"区域将出现该设置的详细描述，如图 5-4 所示。

图 5-4 "序列预设"参数选择

4. 在"新建序列"对话框中选择【轨道】选项，在这里可以设置"项目""视频轨"和"音频轨"的数量，比如设置视频轨道数为"3"，设置立体声轨道数为"1"，其他的保持默认状态。

5. 设置完成后，点击【确定】按钮，进入 Premiere Pro CS6 的主界面，如图 5-5 所示。这里是在编辑影片过程中使用的主要工作界面。该界面由"标题栏"、"菜单栏"、"项目"面板、"媒体浏览"面板、"序列"面板、"监视器"、"工具栏"等版块组成。

 最新版本的 Premiere Pro CS6 仅能安装在 64 位的 Windows 7、Windows 8 和 Windows 10 操作系统上，它的早期版本可以安装在 32 位的操作系统上。该软件可在 Adobe 的官方网站上下载并试用 30 天，试用期结束后软件自动提示需要购买序列号激活，根据提示操作即可。

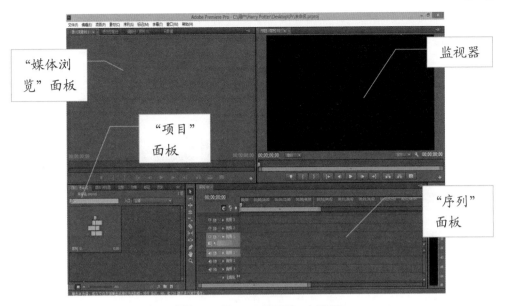

图 5-5　Premiere Pro CS6 主界面

二、导入视频

首先，将备选的素材导入建立的项目中，这是进行视频编辑的第一步工作。

1．在软件的主界面，点击【编辑】→【首选项】，进入"首选项"对话框，选择【常规】选项，根据自己的制作喜好设置参数值，这里设置的是："视频切换默认持续时间"为 25 帧；"音频过渡默认持续时间"为 1.00 秒；"静帧图像默认持续时间"为 125 帧，然后点击【确定】，如图 5-6 所示。

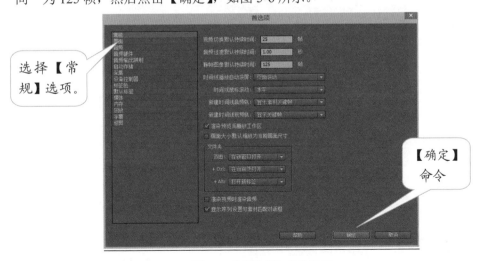

图 5-6　"首选项"参数设置

2．在软件的主界面上，点击【文件】→【导入】命令，打开"导入"对话框，选中所要导入的素材，点击【打开】按钮，即可将该素材导入"项目"面板，如图5-7所示。

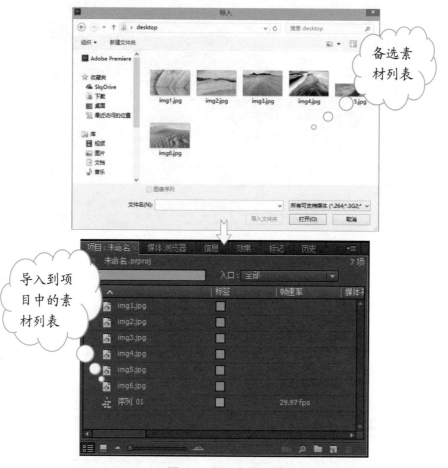

图 5-7　导入素材操作

3．单击"项目"面板下方的【文件夹】按钮，新建几个文件夹，比如"视频文件""音频文件""图像文件"等，然后用鼠标拖拽的方法将导入的素材分门别类地一一拖入相对应的文件夹中，如图5-8所示。

提示　影片制作需要导入的资源很多，查询起来很不方便，所以要分门别类地为各类素材建立自己的文件夹，这样能方便管理和调用。

分门别类的"素材文件夹"列表

图 5-8　为素材建立分类文件夹

提示

导入素材，对计算机而言是一项耗费硬盘资源的工作，因此在导入之前要做好合理的计算机设置，以避免编辑过程中硬盘资源紧缺。

修剪素材　整合就位

将素材导入项目之后，需要对这些素材进行修整、编辑和整合，以达到视频制作的要求。

1. 在"项目"面板中，打开一个素材文件夹，这里打开的是"视频文件"文件夹，用鼠标拖曳的方法将其中的"序列 01"拖入"序列"面板的"视频 1" 0 秒处，其余需要添加的视频依次排列于其后，如图 5-9 所示。

提示

进行视频素材的修整是视频编辑过程中最常见的手段，主要是将素材多余的部分剪裁，将保留的部分重新聚合。

添加其他素材，如图片的方法与添加视频是一样的。

图 5-9　将视频素材添加到"视频 1"

2．将另外一个素材"边框.psd"拖曳到"视频 2"上，并与"视频 1"上的视频文件对齐，如图 5-10 所示。

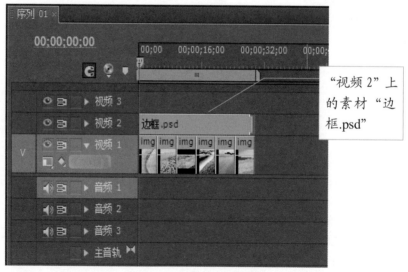

图 5-10　将"边框.psd"添加到"视频 2"

3．统一素材播放比例的大小。因为原始图片或视频的像素和制作出来视频的像素不匹配，如果原始文件像素过大，则无法在视频中完整显示，所以要进行缩放比例的设置。

选中"视频1"中的第一段视频，点击【窗口】→【特效控制台】选项，在打开的"特效控制台"面板中，单击"运动"选项的下拉按钮将其展开。在下拉列表中，设置缩放比例的数值，这里设置的是"37.0"，如图5-11所示。

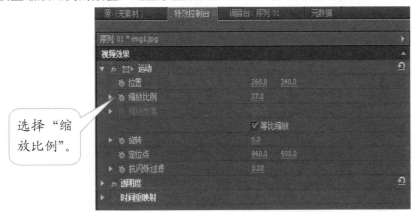

图 5-11　设置缩放比例的数值

4．如果在"视频1"上使用的视频都要求一致的播放画面，那么就可以将第一段视频设置好的"缩放比例"参数值用快捷键的方法复制到其他视频文件中。

选中"视频1"中的第一段视频，在"特效控制台"面板的空白处单击右键，在弹出的快捷菜单中选择【全选】命令。选中"视频1"中的第二段视频，在"特效控制台"面板的空白处单击右键，在弹出的快捷菜单中选择【粘贴】命令，如图5-12所示。

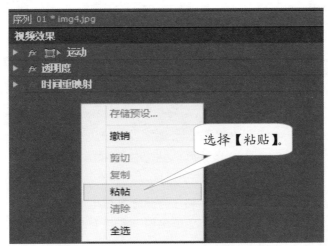

图 5-12　复制"缩放比例"的数值的操作

重复这样的复制操作，可以快速统一素材的缩放比例。设置完成后，拖动"时间线"预览效果。

5. 在"序列"面板中，单击"视频2"中的素材"边框.psd"，在"特效控制台"面板中取消"等比缩放"复选框，并设置"缩放高度"和"缩放宽度"。这里分别设置的是"12.0"和"30.0"，如图5-13所示。

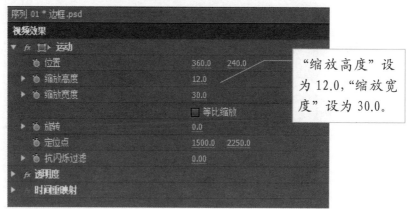

"缩放高度"设为12.0，"缩放宽度"设为30.0。

图5-13　设置缩放高度和宽度

添加了边框后的视频效果如图5-14所示。

图5-14　添加了边框后的视频效果

提示　直接拖动时间轴上的"时间标尺"控制条，可以改变轨道上素材的显示比例，有利于查看和调整素材。

添加字幕　提升信息

字幕是影片制作中常用的信息表现元素，单纯的画面不能完全取代文字信息的功能，完美的影片必须是图文并茂的。

1. 在软件的主界面上点击【字幕】→【新建字幕】，如图 5-15 所示。进入"新建字幕"对话框，将"名称"栏设置为"标题字幕"，其他选项保持默认状态，点击【确定】按钮。

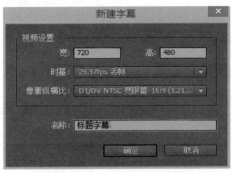

图 5-15　添加"字幕"操作

2. 弹出"字幕编辑窗口"，选择"工具"栏中的【字 z】图标，然后在窗口中出现的文本框里输入文本，如图 5-16 所示。

点击【字 z】图标。

图 5-16　输入字幕文本

在"字幕属性"栏中，为输入的文本设置字体、颜色等属性。

3．关闭"字幕编辑窗口"，新建的标题字幕即出现在"项目"面板的"字幕素材"文件夹下，如图 5-17 所示。

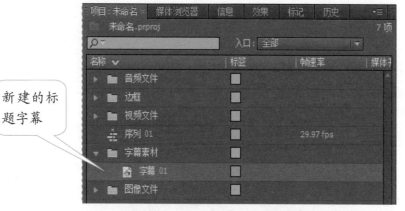

图 5-17　创建标题字幕

4．将这个标题字幕拖曳到"视频3"的开始位置，如图 5-18 所示。

图 5-18　将标题字幕拖曳到"视频3"

 Premiere Pro CS6 提供了 50 余个字幕模板，点击模板图标就可以直接套用。

转场特效　丰富画面

在时间轴中为两个相邻的素材添加视频转换效果，称之为"转场"，它可以使影片素材间的过渡更加自然、和谐。

在"项目"面板中，点击【效果】→【视频切换】→【伸展】，在展开的选项中，将"交叉伸展"效果拖放到"视频 1"两段视频的中间，这样一个转场效果就添加上去了，如图 5-19 所示。

选择"交叉伸展"。

选择【效果】。

图 5-19　添加的转场效果

提示　Premiere 提供了非常多漂亮的转场特效，远远多于 Windows Live 影音制作和《会声会影》X5。

背景音乐　有声有色

Premiere Pro CS6 不仅能对视频进行编辑，还能对音频进行编辑，使我们制作的影片"有声有色"。

1. 在"项目"面板中，打开"背景音乐"文件夹，这里选中的是"手语.mp3"，将其拖曳至"序列"面板的"音频 1"的开始点，如图 5-20 所示。

2. 如果背景音乐过长，就要将超出的部分裁剪掉。这里将时间线定位在"00：00；29：17"，然后单击工具栏中的【剃刀工具（C）】，将鼠标放回背景音乐上点击，素材就被分割为两段，如图 5-21 所示，将后面的一段删除即可。

图 5-20　添加背景音乐到音轨中　　　　图 5-21　裁剪"背景音乐"

3. 设置背景音乐的淡入淡出效果。在"项目"面板中，点击【效果】→【音频过渡】→【交叉渐隐】，在展开的选项中，将"恒量增益"效果分别拖放到"音频 1"上背景音乐的开头和结尾处，淡入淡出效果即被加入这段背景音乐之中了，如图 5-22 所示。

图 5-22　为背景音乐加入效果

4. 点击【文件】→【保存】命令，保存项目文件。

将源视频中的背景音乐设置为"静音"效果，就可以在这段视频中使用其他音乐。

影片输出　分享成果

影片制作完成后，要以视频的格式输出，这样才可以存放到电脑里，随时随地分享。

1. 单击"序列"面板将其激活为编辑状态，然后点击【文件】→【导出】→【媒体】命令，弹出"导出设置"对话框。

2. 在"导出设置"对话框中，点击"输出名称"栏的"序列 01"将弹出"另存为"对话框，在"另存为"窗口设置好保存位置和名称后，点击【保存】按钮。

3. 返回"导出设置"对话框中，直接点击【导出】命令，如图 5-23 所示，影片输出开始。

选择【导出】命令。

图 5-23　影片"导出"设置

Premiere Pro CS6 提供了多种影片的输出格式，用户可以根据自己的需要选择。

在个性化的时代，拿起 DV 和数码相机随心所欲地捕捉各种各样的精彩镜头成为人们时尚生活的一部分。但久而久之，就会发现那些曾经让你喜悦、感动的视频和照片成堆地占满了硬盘空间，有什么样的软件能帮你保存好这些珍贵的记忆，并且换一种形式呈现在你眼前呢？

Adobe Encore 就是这样一款非常优秀的家庭 DVD 光盘制作工具。从我们日常所拍摄的素材中精选出一部分，配上喜爱的音乐、菜单、字幕和特效，然后刻录成一张高品质的 PTV 光碟，之后你就可以像播放 MTV 一样在电视上播放自己亲手制作的 PTV，让家人或朋友分享多彩的数码生活了！

第六章

制作 DVD，家庭娱乐新时尚

本章学习目标

◇ **新建项目　导入素材**

建立一个 DVD 项目，把所有的素材分门别类地导入制作软件中。

◇ **编辑菜单　设计目录**

DVD 中的菜单就如同一本书中的目录，把 DVD 的目录用文字做在菜单上，再通过链接与视频一一对应起来，以达到在 DVD 机上播放时随意选择某个视频片段的目的。

◇ **创建多个时间轴**

所有的视频都必须依次排列到时间轴上才能使视频文件与菜单上的目录链接，本节的任务就是建立时间轴。

◇ **调整音频　添加音轨**

如果对源视频的音频文件不满意，想更换成其他声音文件，很容易在 Adobe Encore 中实现。

◇ **完善菜单　链接视频**

将菜单上的文本框转换成按钮，然后与相应的视频逐一链接，形成 DVD 的向导。

◇ **播放顺序　安排就位**

规划 DVD 的播放顺序，并使它们在"流程图"上一一就位。

◇ **检查项目　建立镜像**

利用软件的检查功能，检查光盘在制作过程中产生的错误并予以纠正，然后建立 DVD 镜像输出，完成全部制作。

新建项目　导入素材

Adobe Encore 是一个相对更专业的制作 DVD 光盘的工具。软件包含了一整套丰富的制作工具，可帮助用户制作电影、婚礼、培训课程、艺术作品收藏、商务演示、新闻等内容的 DVD。不管内容如何，基本制作方法都是相同的。

下面我们就通过一个实例来全面地学习如何使用 Adobe Encore CS6 制作 DVD 光盘。

● 建立 DVD 项目

打开 Adobe Encore CS6，首先进入其欢迎界面。在此点击【New Project】（新建工程）按钮新建一个 DVD 工程文件，如图 6-1 所示。

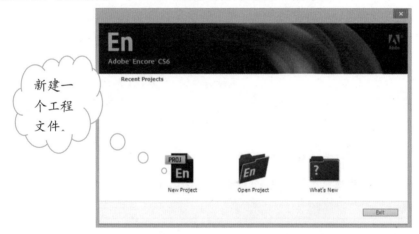

图 6-1　Adobe Encore CS6 欢迎界面

● 对 DVD 进行设置

弹出 "New Project"（新建工程）对话框，在【Name】（名称）栏框内给这个 DVD 工程文件起一个名字；在【Location】（位置）的下拉菜单中选择该 DVD 工程文件在电脑中存放的位置（即文件夹）；在【Authoring Mode】（著作模式）中可以选择【Blu-ray】（蓝光）格式的 DVD 或普通【DVD】格式，这里选择的是普通【DVD】格式；在【Television Standard】（电视标准）的下拉菜单中选择 "NTSC" 制式或 "PAL" 制式，这里选择的是 "NTSC" 制式，其余选项均可以用默认值，如图 6-2 所示。

点击【OK】（确认）后进入 Adobe Encore 软件的主界面。主界面分为五个区域，界面的左上方是存放 DVD 素材的区域，包括原始视频、菜单、时间轴和 DVD

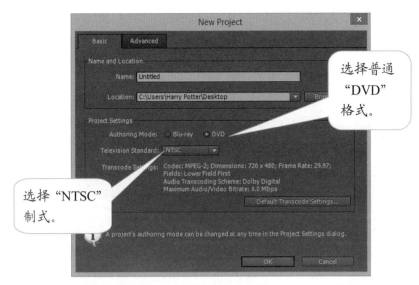

图 6-2　Adobe Encore CS6 的 "New Project" 对话框

构架等；界面的中间是预览区域，可以预览视频和菜单；界面的右上方是设置属性的区域，包括设置视频的属性、DVD 菜单中按钮的属性等；界面的下方是时间轴，可以在时间轴上建立多条视频、音频和字幕轨道；界面的右下方为图层区域，如图 6-3 所示。

图 6-3　Adobe Encore CS6 的主界面

● 导入素材

单击【Project】(项目)选项卡，并在选项卡下方的空白处双击鼠标左键（也可单击右键），弹出菜单，选择【Import As】(导入为)→【Asset...】(资源)，即可将准备好的视频、音频和照片等原始材料导入 Adobe Encore 中，过程如图 6-4 所示。

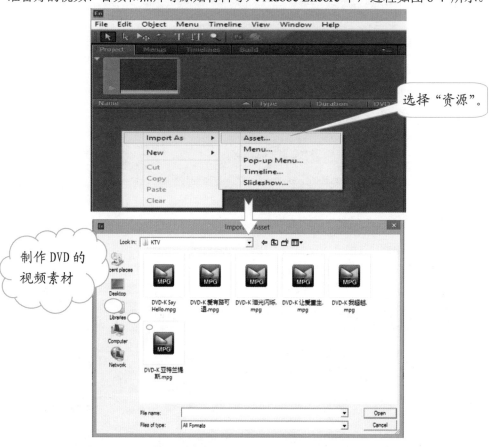

图 6-4　导入素材

单击【Open】(打开)按钮，开始导入素材到 Adobe Encore 中。Adobe Encore 将对视频和音频文件进行自动检测，检查其码率是否为标准 DVD 格式，此过程需要持续 2～3 分钟。时间的长短通常取决于计算机的硬件配置，在此期间可能出现鼠标卡顿等情况，请不要强行关闭软件，否则将造成视频检测失败，使最终生成的 DVD 镜像残缺。在制作过程中如需再次导入视频、音频和照片等素材，可重复上述步骤。

● 对素材分类管理

由于需要导入的资源很多，查询起来会不方便，所以要在 Project 选项卡中建立文件夹，对视频和音频分类管理。方法是单击【Project】（项目）选项卡，并在选项卡下方的空白处双击鼠标左键（也可单击右键），弹出菜单，选择【New】（新建）→【Folder...】（文件夹），在弹出的对话中，给文件夹起好名称后单击【OK】（确定）按钮，如图 6-5 所示。

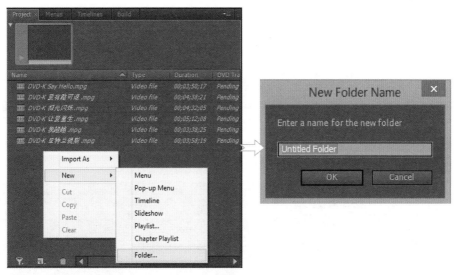

图 6-5　对素材分类管理

然后将相应的素材拖入对应的文件夹中，分类后的文件夹列表如图 6-6 所示。

图 6-6　分类后的文件夹列表

提示　在欢迎界面的 "Recent Project"（最近的工程文件）中会记录最近打开过的 Adobe Encore 文件，当再次打开 Adobe Encore 时，可以在列表中选取所要的文件。

编辑菜单　设计目录

DVD中的菜单就如同一本书中的目录。把DVD的目录用文字做在菜单上，再通过链接和视频一一对应起来，可以达到在DVD机上播放时随意选择某个视频片段的目的。

● 创建菜单文件

在【Project】（项目）选项卡空白区域单击鼠标右键，在弹出的菜单中选择【New】（新建）→【Menu】（菜单），随即添加了一个空白的菜单文件："Blank_Menu_720×480"。双击该文件，软件的预览区域将显示出它的状况，新生成的菜单文件在预览框内显示为一张黑色图片，如图6-7所示。

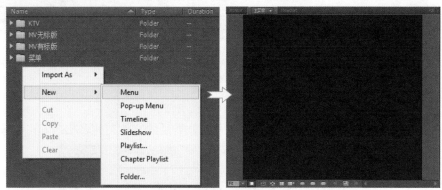

图6-7　创建菜单文件

在【Properties】（属性）选项卡中的【Name】（姓名）输入框中给菜单改换合适的名称，以方便编辑和管理。

● 设计菜单

菜单是这张DVD的封面，在播放光盘的时候首先进入我们视线，也是这张DVD的操作平台，所以要尽量做得美观和实用。可以选择喜欢的图片作为菜单的背景。添加和更改菜单背景的方法是先将图片导入【Project】（项目）选项卡中（与导入视频的方法相同），然后将存放在选项卡中的图片拖入软件的预览框即可，如图6-8所示。

提示　由于标准DVD的菜单分辨率是720×480，如果图片的分辨率超出此范围，多出的部分将被自动剪裁。

图 6-8 给菜单添加背景图片

　　图片的大小和菜单的尺寸不一致时，手动对图片进行缩放和移动可以获得最美观的效果。软件菜单栏下面有几种鼠标箭头，依次是"实心箭头"，功能是选择项目，它仅仅能选定一个图片或按钮；"空心箭头"，功能是移动包括背景图片在内的所有菜单上的内容，并可以用来缩放图片四周的方框从而改变图片的大小；"带四个方向箭头的箭头"，功能是仅可移动某一个图片或按钮；"圆圈形的箭头"，功能是对指定的对象进行旋转，如图 6-9 所示。

File　Edit　Object　Menu　Timeline　View　Window　Help

图 6-9　箭头

● 添加文本框

　　在菜单的背景图片中添加文本框，目的是将这些文本框制作成菜单上的"选择按钮"。单击工具栏上的【T】（横排文字工具）按钮，可以在菜单的任意位置添加文本框；单击【↓T】（竖排文字工具）可在菜单中添加纵向文本框。

　　在 Adobe Encore 软件中制作菜单得到的是较为简单的画面，如果想为自己的 DVD 作品制作一张华丽的菜单，可以选择在 Photoshop 软件中编辑它。由于 Adobe Encore 和 Photoshop 这两款软件都是 Adobe 公司旗下的产品，所以在使用的过程中两款软件是无缝衔接的。如何在 Adobe Encore 中启动 Photoshop 呢？方法是：在制作菜单的预览图上点击鼠标右键，在弹出的菜单中选择"Edit Menu in Photoshop"（在 Photoshop 中编辑菜单）即可启动 Photoshop，如图 6-10 所示。

提示

使用"Edit Menu in Photoshop"（在 Photoshop 中编辑菜单）功能的前提是计算机中已安装了 Photoshop 任意版本的软件。

选择"在 Photoshop 中编辑菜单"选项。

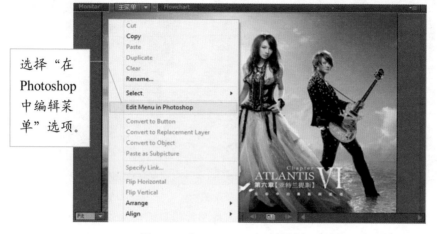

图 6-10　在 Adobe Encore 中启动 Photoshop

　　启动 Photoshop 后，在出现的界面中点击【T】（横排文字工具）按钮，然后鼠标回到正在制作的菜单上，点击背景图片上的任意位置即可添加一个横向的文本框。在文本框中输入文字内容，然后在 Photoshop 界面中的【字符】选项卡中更改文字的字体、大小、间距、缩放和颜色等属性，如图 6-11 所示。

　　在 Photoshop 界面的【图层】选项卡中会看到新添加的文本框信息。双击文本框图层，给文字添加艺术效果，如图 6-12 所示。

选择【斜体】。

给文字添加"投影"效果。

图 6-11　【字符】选项卡　　　　　　图 6-12　给文字添加艺术效果

　　Photoshop 提供了"斜面和浮雕""描边""内阴影""内发光""光泽""颜色叠加""渐变叠加""图案叠加""外发光"和"投影"等艺术效果，并可以在每个艺术效果中进行详细的设置。设置方法如图 6-13 所示。

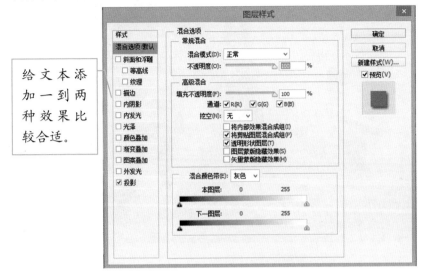

图 6-13　设定艺术效果的样式

　　重复添加文本框，再次执行上述步骤即可。文本框全部添加完成后，需要对文本框"栅格化"，通俗地讲就是定格文本框中的文字，避免在 Adobe Encore 编辑中因不能识别某些中文字体而造成乱码的情况。在 Photoshop 中【图层】选项卡上右键单击"文本框图层"，在弹出的菜单中选择【栅格化文字】，如图 6-14 所示。

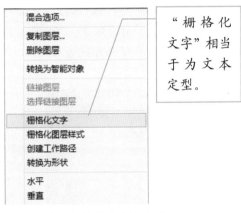

图 6-14　选择【栅格化文字】选项

提示　一旦栅格化文字，文本框中的内容就无法再更改，如需改动只能删掉文本框重新制作一个。

　　在 Photoshop 中的菜单编辑完成后，保存该菜单文件，然后关闭软件，这时该菜单会自动添加到 Encore DVD 中，如图 6-15、图 6-16、图 6-17 所示分别是制作完成的三个 DVD 菜单。在后续的几节中将以这些菜单为例，介绍如何将菜单上的文字和视频链接。

图 6-15　主菜单

菜单如同 DVD 光碟的一个向导，通过链接和视频一一对应起来，以达到在 DVD 机上播放时随意选择某个视频片段的目的。

图 6-16　"卡拉 OK" 菜单

图 6-17　"音乐录影带" 菜单

在上面两个菜单界面中，左边的设计使用了卡拉 OK 与伴唱两种链接；右边的文本设计使用了"阴影"和"外发光"效果。

创建多个时间轴

　　所有的视频都必须依次排列到时间轴上才能使视频文件与菜单上的按钮一一链接。本节的任务就是建立时间轴。

一、在一个时间轴中添加多段视频

　　1．新建时间轴。在【Project】（项目）选项卡的空白区域单击鼠标右键，在弹出的菜单中选择【New】（新建）→【Timeline】（时间轴），随即【Project】（项目）中新增了一个名为"Untitled Timeline"的项目，屏幕下方出现一个新建的时间轴，分为两行，上面的一行是视频轨道（Video），下面的一行是音频轨道（Audio 1）。双击"Untitled Timeline"项目，在【Properties】（属性）选项卡中给这个时间轴改名以方便编辑和管理，如图 6-18 所示。

图 6-18　新建一个时间轴

　　2．将【Project】（项目）选项卡中的视频资源拖入新建的时间轴中，即完成一段视频的添加。在拖入视频的同时，视频所携带的音频文件也一并被加入了时间轴的音频轨道中，如图 6-19 所示。

图 6-19　将视频文件拖入时间轴

其他视频文件用同样的方法依次拖入并一一排列在上一段视频之后。

 提示　在拖入视频文件的过程中，应将后一段视频拖入至前一段视频的尾部再松开鼠标键。如此反复就可以在同一个时间轴中添加多段视频。

可以看到每加入一段视频后，时间轴上会自动添加一个带三角的数字标记，它是用来区分每段视频的位置的，如图 6-20 所示。这些数字标记将在制作菜单按钮时派上大用场。

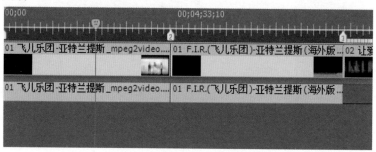

图 6-20　时间轴上的视频标记

注意：如果错误地添加了视频，也没有关系，在时间轴上选中该视频段，点击键盘上的删除键，即可将这段视频连同它的音频一并从时间轴上删除。但是，如果删除的视频并非时间轴上的最后一段视频，那么在被删除视频的位置将留下一段空白的黑色区域，也就是说，后面的视频是不会自动跟进的，如图 6-21 所示，这就需要手动将后面的视频向前拖动填补这段区域。

 提示　在时间轴上删除某段视频后，时间轴上方带三角的数字标记也会随即发生改变。

图 6-21　删除视频片段的结果

需要说明的是：如果在同一个时间轴中添加的视频过多，那么时间轴就会过长而不利于编辑，可以通过软件左下角的"比例尺"更改时间轴的比例尺：越向左拖动，单位长度内看到的视频数量就越多；越向右拖动，单位长度内看到的视频数量就越少。

二、添加多个时间轴

理论上一个时间轴的长度可以无限长，但是有一个实际问题，如果我们依次添加的视频中有些音频不是同一格式的，那么添加视频就会失败，或者只能添加视频轨道而音频轨道是空的，如图 6-22 所示。这就需要重新建立一个时间轴，将不同音频格式的视频文件添加到新的时间轴中，然后再将两条时间轴做好关联。

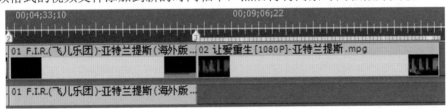

图 6-22　添加视频文件失败的效果

在【Project】（项目）选项卡的空白区域单击鼠标右键，在弹出的菜单中选择【New】（新建）→【Timeline】（时间轴），即建立好了第二个时间轴，向时间轴中添加视频的方法同前面的步骤一样。如果需要，我们可以照此方法建立多个时间轴。

三、在时间轴上编辑视频

● 剪裁视频

若要在时间轴上对视频进行"掐头去尾"的剪裁，可将鼠标移动到视频的开始处或末端，鼠标将变为"["或"]"状，按住鼠标左键前后拖动即可对视频剪裁。图 6-23 所示为剪裁前后的对比。

提示

如果视频和音频是一并被添加到时间轴上的，那么在剪裁视频的时候视频和音频将同步被剪裁，否则就需要分别对时间轴上的视频和音频进行剪裁。

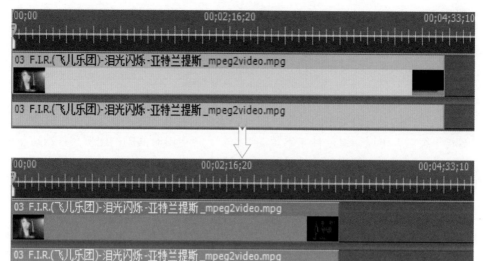

图 6-23　视频剪裁前后的对比

● 在两段视频中间留空白

按住时间轴上视频的中间部位，左右拖动鼠标即可改变视频在时间轴上的起始和结束时间，达到留空白的效果。图 6-24 所示即为视频间留空白前后对比。

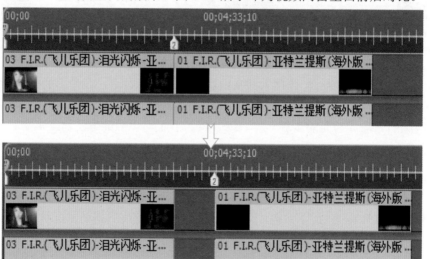

图 6-24　视频间留空白前后的对比

在两段视频中间留一定的空白，产生的效果是在两段视频切换的时候出现一个短暂的"黑屏"，也就是停顿，目的是使它们之间的过渡不那么突然，也给观众视觉上的一个缓冲时间。

调整音频　添加音轨

一、更换视频文件中的音频

上一节我们介绍了在向时间轴中添加视频的同时已将它携带的音频文件一并加入了。如果对某段音频不够满意，想更换成其他的声音文件，比如在 DVD 视频制作中，选取了某一段视频，又想换上其他的声音资料，那么这部分内容就是非常实用的。

● 删除音轨

需要明确的是，不能在时间轴上选定某一段音轨将其单独删除，因为视频和音频是连带的，会被一并删掉。所以要在 Adobe Encore 中删掉全部的音频轨道，而非某段视频的音频轨道。

在时间轴的【Audio 1】上单击鼠标右键，在弹出的菜单中选择【Remove Audio Track】（移除音频轨道），整条音轨就被删掉了，如图 6-25 所示。

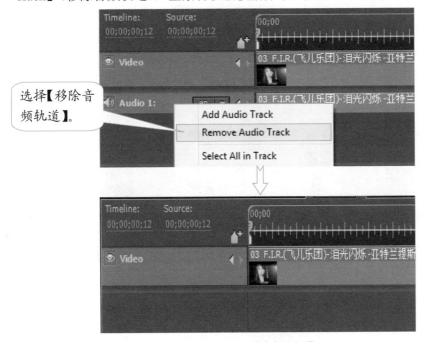

图 6-25　删除音轨操作

● 建立新的音轨

在【Video】轨道下方的空白区域单击鼠标右键，在弹出的菜单中选择【Add Audio Track】（添加音频轨道），即创建好了新的音轨，如图 6-26 所示。

图 6-26 建立新音轨操作

● 加入置换的音频文件

将新的音频文件拖入对应视频下方的音轨中，这样原来视频中的声音就被替换成了新的声音。添加新的音频后需要预览一下音频和视频是否同步，点击软件中间的【Monitor】（显示器）选项卡，在预览窗口的下方单击【▶】按钮即开始预览视频，如图 6-27 所示。时间轴上有一条红色的竖线，随着播放的进行红线也向右移动，这条竖线指示的是当前的时间点，可以帮助精确定位。

图 6-27 加入置换的音频文件

● 音频和视频的同步调整

如果音频与视频不同步，可对音频进行剪裁以使其达到同步效果。一种方法是将鼠标移动到音频的开始处或末端，鼠标将变为"["或"]"状，按住鼠标左键前后拖动即可对音频剪裁，然后点住音频前后拖动更改它的起始播放时间。另一种方法是在时间轴上双击音频，在【Properties】（属性）选项卡中对音频进行精确的裁剪设置。其中，"Source In"表示从音频本身的某个时间点开始播放，例如将起始点选在 20 秒，则音频的前 20 秒将被自动剪裁，直接从第 20 秒的地方开始播放；"Duration"表示所添加音频本身结束的时间；"In-Point"表示在时间轴上开始播放音频的时间；"Out-Point"表示在时间轴上结束播放音频的时间，如图 6-28 所示。

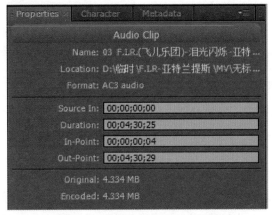

图 6-28　音频和视频的同步调整

二、在同一段视频中添加多条音频轨道

有一些视频文件中是含有多条音轨的，比如 DVD 格式的 KTV 歌曲通常含有原唱轨和伴唱轨，电影视频中含有中文配音和英文配音等。当我们把这些文件加入到 Adobe Encore 时间轴上时，除了第一条音轨以外的其他音轨都不会被识别。因此，如果我们想在以后的 DVD 光盘中随时切换这些音轨，就需要在时间轴上制作多条音轨，并将需要的音频逐一添加进去。

● 拆分源视频中的音频文件

利用 TMPGEnc Plus 视频编辑软件将源视频中的音频文件分别拆分出来（TMPGEnc Plus 软件的使用在第二章中已做介绍）。这里以"亚特兰提斯.MPG"视频为例，源视频中含有两条音轨，第一条音轨在导入视频文件的同时，音频文件自动添加到 Adobe Encore 时间轴的音轨上了，此时我们看到虽然"亚特兰提斯.MPG"有两条音轨，但是时间轴下方所对应的音轨只有"Audio 1"，如图 6-29 所示。

 提示　Adobe Encore 支持将 MP2、MP3、AC3、WAV 等格式的音频添加到音轨中。

图 6-29　同一段视频中添加的第一条音轨

● 在同一段视频下建立新音轨

先将源视频中第二条音轨上的音频文件使用 TMPGEnc Plus 视频编辑软件拆分出来，并命名为"亚特兰提斯-01.mp2"。在"Audio 1"下方的空白处单击鼠标右键，弹出菜单后选择【Add Audio Track】（添加音轨），此时在"Audio 1"的下方出现了一条新音轨"Audio 2"，如图 6-30 所示。

图 6-30　同一段视频中添加的第二条音轨

将"亚特兰提斯-01.mp2"拖入"亚特兰提斯.MPG"对应的音轨"Audio 2"中即可实现添加音频的操作，如图 6-31 所示。

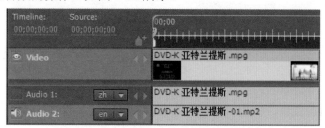

图 6-31　将第二个音频文件拖入第二条音轨

● 音轨切换

当时间轴上添加了多条音轨时，每条音轨前会出现一个小喇叭的图标。单击某条音轨前的小喇叭，则所有的编辑动作将在这条音轨上进行。

完善菜单 链接视频

一、排版菜单上的文本框

在软件的【Project】（项目）选项卡中双击【菜单】，预览区域将被切换成预览该菜单。

● 确定菜单上文本的位置

文本一旦变成按钮与视频链接，再想改动它的位置就会很麻烦，调整不好就会造成重影或错乱，大大影响菜单的美观度。菜单上的文本框越多，排版也就越复杂，不过 Adobe Encore 提供了自动排版的工具。

首先选中软件菜单栏中的【▸】（空心箭头），然后在需要排版的文本框上单击右键，在弹出的菜单中选择【Align】（排列）。在 Align 菜单中提供了多种对齐方式：【Left】为左对齐，【Center】为中心对齐，【Right】为右对齐，【Top】为向上对齐，【Bottom】为向下对齐，如图 6-32 所示。

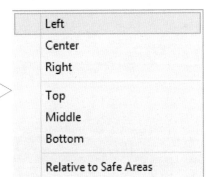

图 6-32 确定菜单中文本的位置

菜单的像素是 720×480，但在 DVD 机中将以 640×480 的像素显示，因此，菜单左右的一部分区域将被自动剪裁，所以，在排列按钮时尽量不要太靠边。

Cut
Copy
Paste
Duplicate
Clear
Rename...

Select

Edit Menu in Photoshop

Convert to Button
Convert to Replacement Layer
Convert to Object
Paste as Subpicture

Specify Link...

Flip Horizontal
Flip Vertical
Arrange
Align
Distribute

Preview from Here

● 确定菜单上文本框的位置

在 Adobe Encore 中是可以自动分配文本框间距的。用鼠标选中文本框，单击右键，在弹出的菜单中选择【Distribute】（分配）。在 Distribute 菜单中根据情况可以选择【Vertically】（垂直平均分布）或【Horizontally】（水平平均分布），如图 6-33 所示。

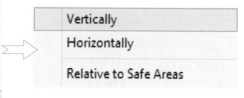

图 6-33　确定菜单上文本框的位置

图 6-34 是一个完成排版的菜单，通过对文本框的位置控制能使文字编排有序。

图 6-34　排版完毕的菜单

二、将文本框转化为按钮

在菜单上选中一个文本框（这里选中的是"音乐录影带"），软件右侧的【Layers】

（层）选项卡中该文本框即变成高亮，我们看到在它的左侧横向排列着 3 个正方形按钮，分别代表【可见】、【锁定】（不可移动位置或被选定）和【变成按钮】。点击【变成按钮】即可将文本框转化成按钮，如图 6-35 所示。用相同的方法将其他文本框一一转换成按钮即可。

图 6-35　将文本框转化为按钮

　　转换后，界面弹出该按钮的【Properties】（属性）选项卡，在此选项卡中设置按钮的各项功能。比如在"Number"（数字）中设置数字"1"，则在 DVD 机上播放时，按遥控器上"1"号键时激活这个按钮；"Link"（链接）中的设置是按动此按钮所链接的内容，如图 6-36 所示。

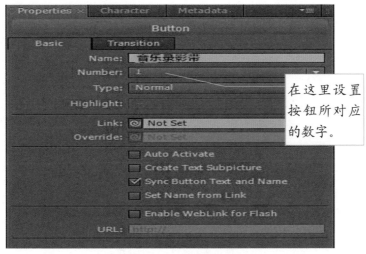

图 6-36　按钮属性设置

按钮所链接的内容可以是时间轴上的某一段视频，也可以是一个 DVD 菜单，比如点击【Link】（链接）选择框右侧的"▶"，出现的下拉菜单中列出了所有可以链接的内容。这时如选择"KTV"，右边会弹出 KTV 时间轴上的所有视频片段；如选择"Chapter 1"（片段1），则将此按钮和 KTV 时间轴上的第一段视频链接。若想将按钮链接到某个新菜单，如链接到 KTV 菜单，则需要在下拉菜单中选择 KTV 菜单的"Default"（默认），如图 6-37 所示。

图 6-37　将按钮分别链接到菜单上和时间轴上的操作

三、创建选择音轨的特殊按钮

在前面的介绍中，我们建立了多音轨的时间轴，但是视频在 DVD 机中播放的时候只会默认播放第一条音轨，这就需要我们在菜单中创建选择音轨的特殊按钮。以"原唱"和"伴唱"为例，设置"原唱"在第一条音轨播放，"伴唱"在第二条音轨播放。

首先将"原唱"转化成按钮，然后在【Link】（链接）的下拉菜单中选择【Specify Link...】（指定链接），弹出对话框如图 6-38 所示。由于"原唱"按钮是在 KTV 菜单中，我们选择对话框所列的项目中也要选择 KTV 菜单，然后在【Audio】（音频）下拉菜单中选择"1"后单击【OK】（确定）。这样在 DVD 机中播放视频时按下了"原唱"按钮，就选择了第一条音轨的声音。同样地，我们将"伴唱"在"Specify Link"（指定链接）对话框中设置为"Audio 2"（音频2），当在 DVD 机中播放视频时按下了"伴唱"按钮，就选择第二条音轨的声音。

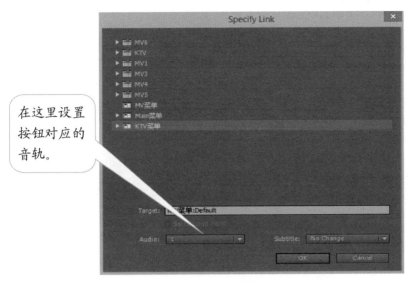

在这里设置
按钮对应的
音轨。

图 6-38　创建选择音轨的特殊按钮

四、按钮颜色的选择

按钮在被指中（鼠标停留其上）时或被按下后分别呈现出不同的颜色，不仅能起到便于区分的作用，也是美化菜单的方式之一。单击【Menu】（菜单）中的【Edit Menu Color Set...】（编辑菜单颜色），弹出对话框如图 6-39 所示，在"Highlight Group 1"（高亮组 1）中设置被指中时高亮状态的颜色，在"Highlight Group 2"（高亮组 2）中设置被按下后状态的颜色。

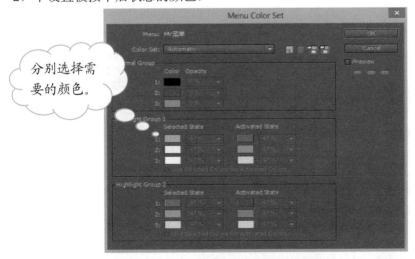

分别选择需
要的颜色。

图 6-39　按钮颜色的选择

如图 6-40 所示是完成后的按钮效果，其中"主菜单"按钮是被指中时的状态，其他按钮是未被指中时的状态。

图 6-40   完成后的按钮效果

播放顺序   安排就位

DVD 光盘的主要内容虽然制作好了，但现在还是一盘散沙，所以在建立 DVD 镜像之前，要规定好光盘的播放顺序，比如在启动了光盘后先切入哪个菜单，或在某个菜单上停留多久之后开始播放视频等，都需要在这里设置好。

一、制作版权信息

仿照电影等音像制品的 DVD，制作一幅版权警告的图片，如图 6-41 所示。

图 6-41   版权警告的图片示例

新建一个时间轴"Warning"并将图片拖入其中，拖入后会弹出对话框询问此图片的显示时长，输入秒数后单击【OK】（确定）即可，如图 6-42 所示。

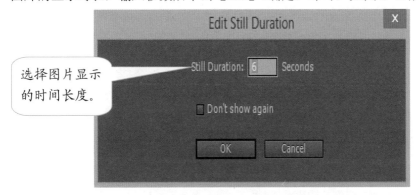

图 6-42　将图片放在时间轴上的操作

二、建立播放顺序

双击软件界面的【Flowchart】（流程图）选项卡，此选项卡中只有一个名称为"Untitled Project"的光盘图标，图标下边是一排未添加进流程图的菜单和时间轴。双击"Untitled Project"光盘图标，在右边的【Properties】（属性）选项卡中更改光盘的名称，即 DVD 镜像的名称，例如"F.I.R-Atlantes-2011"，如图 6-43 所示。

图 6-43　建立播放顺序

先排列"版权警告"的图片。在列表中找警告"Warning"时间轴，选中软件菜单栏中的【　】（实心箭头），然后用鼠标左键点住"F.I.R-Atlantes-2011"光盘图标，拖动至"Warning"时间轴，然后松开鼠标左键，完成第一个排列，即启动光

制作家庭电影

盘后首先播放的是"Warning"时间轴，此时的流程图也在"F.I.R-Atlantes-2011"光盘图标后多了一个"Warning"时间轴的图标，如图 6-44 所示。

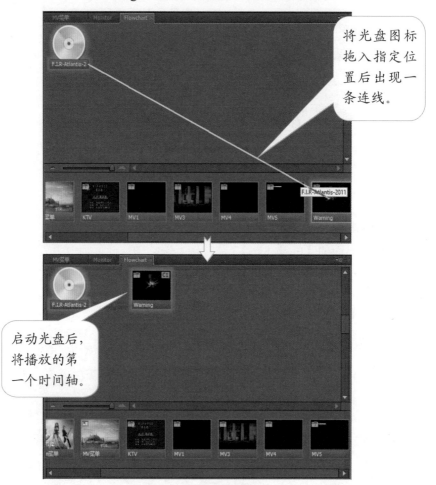

将光盘图标拖入指定位置后出现一条连线。

启动光盘后，将播放的第一个时间轴。

图 6-44　光盘流程图的布置

其余的菜单和时间轴用相同的方法依次添加到流程图中。注意，我们在添加菜单的时候，会自动将菜单上所链接的时间轴一并加入流程图中，故不必重复添加时间轴，完成后的光盘流程如图 6-45 所示。

提示　在流程图上的任意一个对象上单击右键，在弹出的菜单中选择【Preview from here】（从这里开始预览）可以预览 DVD 光盘的播放效果。

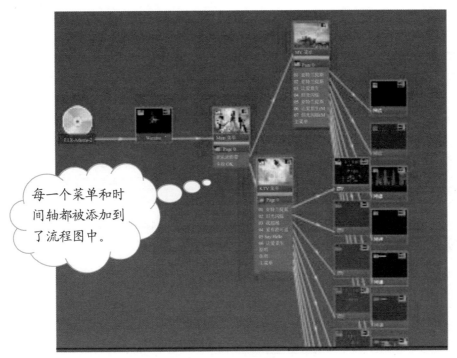

每一个菜单和时间轴都被添加到了流程图中。

图 6-45　完成后的光盘流程图

三、检查每个菜单和时间轴的结束动作

做好流程图并不意味着光盘镜像就完成了，我们还要逐一检查每个菜单和时间轴的结束动作，因为如果不设置结束动作，那么时间轴在播放结束后将自动停止变成黑屏，并不会自动开始播放下一个时间轴上的视频。

● 设置菜单的结束动作

在软件的【Project】（项目）选项卡中双击"Main 菜单"（主菜单），在右边的【Properties】（属性）选项卡中找到"End Action"（结束动作），默认的动作是"Stop"（停止）。点击"Stop"的下拉菜单，选择一个结束动作，比如"MV1"时间轴的"Chapter 1"（片段 1），则在菜单播放结束后将自动开始播放"MV1"时间轴中的第一个视频片段，如图 6-46 所示。

提示

在 Adobe Encore 中还可以设置菜单和时间轴的播放权限。具体操作为：在【Properties】（属性）选项卡中选择"Operations"（操作）后面的【Set...】（设置）按钮，在弹出的对话框中选择"Custom"（自定义）。

● 设置菜单的显示时间

单击【Motion】(动作)选项卡，在"Duration"(持续时间)中设置菜单显示

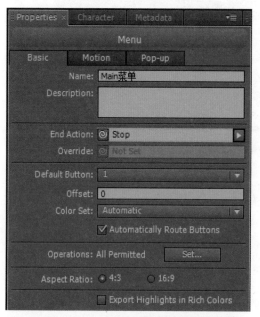

图 6-46　设置菜单的结束动作

的时间，如果是 30 秒，即输入"00:00;30:00"。"Duration"下方有一个"Hold Forever"(永远停留)的复选框，这个复选框是默认打钩的。打钩的含义是在播放此菜单时不受持续时间的限制，只要不发出命令播放将永远停留在此菜单上。把钩去掉后，持续时间才起作用，即持续时间结束后开始播放之前设置的菜单结束动作，如图 6-47 所示。

● 设置菜单的背景音乐

在"Audio"(音频)输入框中可以设置菜单的背景音乐。将已加入到【Project】选项卡中的音频文件拖入到"Audio"框内，如图 6-47 所示。

● 设置时间轴的结束动作

设置时间轴的结束动作与设置菜单的结束动作基本一致，我们可以依次设置"MV 1"播放完成后开始播放"MV 2"，在"MV 2"播放完成后开始播放"MV 3"等。当播放到最后一个时间轴时，我们要选择让其返回菜单。在"End Action"(结束动作)下拉菜单中选择【Return to Last Menu】(返回上一个菜单)即可，如图 6-48 所示。

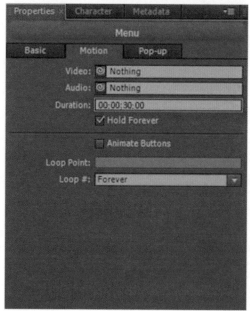

图 6-47　设置菜单的显示时间

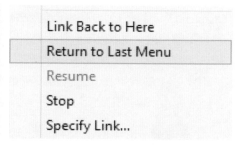

图 6-48　设置时间轴的结束动作

检查项目　建立镜像

建立镜像前的所有工作都已经结束了，最后一项就是做成一个标准 DVD 镜像光盘。

一、检查光盘是否有错

在【File】（文件）菜单中选择【Check Project】（检查项目），弹出对话框，点击【Start】（开始）即对 DVD 镜像开始检查。如果出现错误，将在列表中逐一列出问题名称和原因，如图 6-49 所示。这就需要返回 Adobe Encore 软件制作界面对出现的问题进行修改，然后再次运行【Check Project】直到没有错误出现为止。

项目中出现错误项的列表。

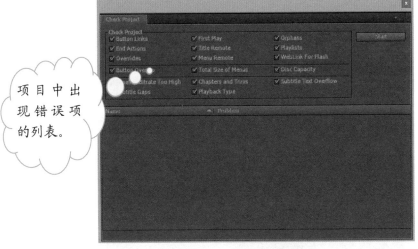

图 6-49　项目检查对话框

这里需要说明的是，在 Adobe Encore 对视频和音频进行剪辑后，会在时间轴上留下一些空白，这些都会被视为错误，但它们并不影响光盘的正常播放，只要按照本章介绍的方法制作，即便在检查项目的时候列出有一些小错误也是可以忽略不计的。

二、建立镜像

在【File】菜单中选择【Build】（建立）建立 DVD 镜像。Adobe Encore 可以直接将镜像刻录成光盘，即选择【Disc...】（光盘）选项，如图 6-50 所示。如果计算机中没有刻录光驱，也可以选择制作标准 ISO 格式的 DVD 镜像拷贝到别的电脑上再进行刻录。这里以建立 ISO 格式的 DVD 镜像为例介绍。

图 6-50　直接将镜像刻录成光盘操作

在【Build】菜单中选择【Image…】（镜像），屏幕自动切换到【Build】选项卡页面，如图 6-51 所示。选项卡中的默认参数一般情况下都不需要改动，直接在【Destination】（目的地）中点击【Browse…】（浏览）。在弹出的对话框中选择 DVD 镜像存放的位置后单击【Save】（保存），如图 6-52 所示。

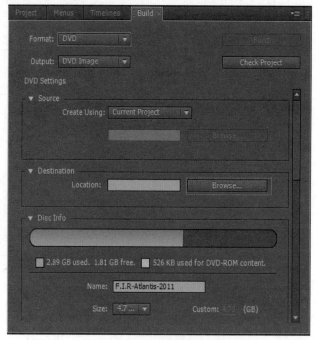

图 6-51　建立镜像对话框

提示　　一张空白 DVD 光盘的实际容量是 4.37 GB，超过这个数值将只能制作 DVD 镜像存放在电脑中，而不能刻录到空白 DVD 光盘中。

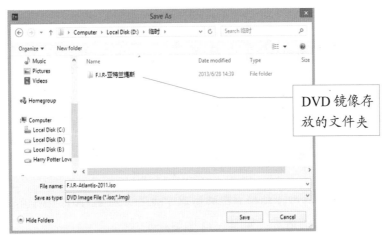

图 6-52　DVD 镜像存放地点

单击【Build】选项卡中的【Build】按钮，即开始制作镜像。如果光盘的自动检查报错，可以选择"Ignore and Continue"（忽略并继续）强制制作光盘镜像，如图 6-53 所示。

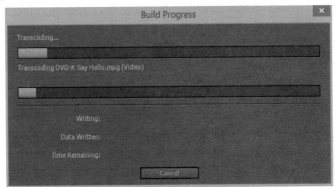

图 6-53　DVD 镜像制作进度显示

建立光盘镜像通常需要 20 分钟左右的时间，这主要取决于电脑的配置。因为建立光盘的过程中 Adobe Encore 要把所有非标准 DVD 格式的视频和音频转码成标准格式。当进程条都完成 100%后点击【OK】（确定）按钮，如图 6-54 所示。

提示　在转码过程中如果遇到码率超过 8000 kbps 的视频，Adobe Encore 将会报错并终止，需要我们将这些视频用 TMPGEnc Plus 重新转码到 8000 kbps 以下再重新添加到时间轴中。

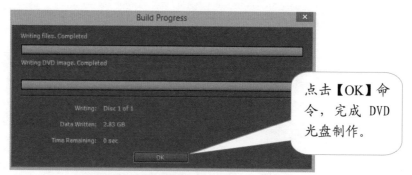

点击【OK】命令，完成 DVD 光盘制作。

图 6-54　DVD 镜像制作完成

　　一张标准的 DVD 镜像光盘就最终完成了。本张 DVD 镜像光盘在电脑中显示为"镜像文件"的格式，如图 6-55 所示。

| F.I.R-Atlantis-2011.iso | 2013/6/28 22:59 | Disc Image File | 2,762,784 KB |

图 6-55　DVD 镜像存放地点

提示　最终制作完成的光盘镜像容量通常小于 Adobe Encore 的预测值，这是由于多音轨在最终输出视频上被合并的结果。

　　至此，本书的全部内容就完成了，我们以"用电脑制作家庭电影"为目的，学习了如何利用软件完成对视频、音频以及照片和图片的编辑和处理，并通过实例详细介绍了视频相册、家庭电影以及 DVD 影碟的制作过程。

　　写作的过程是娱乐的过程，希望你阅读的过程也是娱乐的过程。愿这些内容就像日子中的调味剂，点点滴滴让你的生活又添了滋味。